7
1973

Faserforschung und Textiltechnik

WISSENSCHAFTLICH-TECHNISCHE ZEITSCHRIFT
FÜR DIE CHEMIEFASER- UND TEXTILINDUSTRIE

AUS DEM INHALT

Rafler, Bonatz und Reinisch
Zur Kinetik der Polyäthylenterephthalatbildung im offenen System
II. Einfluß thermisch bedingter Nebenreaktionen auf den Polykondensationsverlauf

Nosov und Mel'nik
Molekülorientierung in Polyamidtexturseiden
I. Stauchtexturierte Seiden

Gohlke und Reinisch
Zum Polykondensationsgleichgewicht bei Polycaprolactam

Hoffrichter
Einfluß des Reckens auf die Eigenschaften von Polyester- und Copolyesterfäden
Teil I: Die Veränderung des Schrumpfens, der Reckkraft und Schrumpfkraft beim einstufigen Recken

Folienherstellung und -verarbeitung zu textilen Erzeugnissen

Neue Bücher

Patentschau

Literaturschau

AKADEMIE-VERLAG BERLIN

Faserforsch. u. Textiltechnik • 24. Jahrg. • Heft 7 • Seiten 269–308 • Berlin im Juli 1973
FSTXA7 24 (7) 269–308 (1973) Preis: 15,– M • Sonderpreis DDR: 9,– M

DK 678.674'524'420:[66.095.3:678.6]:541.124:541.127.1:541.128

Rafler, Gerald, Bonatz, Eckhardt, und *Reinisch, Gerhard*

Zur Kinetik der Polyäthylenterephthalatbildung im offenen System

II. Einfluß thermisch bedingter Nebenreaktionen auf den Polykondensationsverlauf

Faserforsch. u. Textiltechnik **24** (1973) 7, S. 269—272. 7 (5) Abb., 4 Tab., 8 Lit.

Die kinetische Analyse des Polykondensationsverlaufs unter Reaktionsbedingungen, bei denen mit thermisch aktivierten Spaltungsreaktionen des Polyäthylenterephthalats zu rechnen ist, gestattte einen sehr empfindlichen Nachweis dieser Nebenreaktionen anhand der Abweichungen vom Zeitgesetz der ungestörten Reaktion. Mit zunehmender Carboxylgruppenkonzentration wurde die effektive Polykondensationsgeschwindigkeit verringert. Weiterhin wurde die Kinetik der Carboxylgruppenbildung unter Polykondensationsbedingungen in Abhängigkeit von Katalisatortyp und Reaktionstemperatur untersucht.

DK 677.494.675'126—042.2:677.022.784:677.014.84:677.014.87

Nosov, M. P., und *Mel'nik, T. S.*

Molekülorientierung in Polyamidtexturseiden

I. Stauchtexturierte Seiden

Faserforsch. u. Textiltechnik **24** (1973) 7, S. 273—281. 15 Abb., 1 Tab., 18 Lit.

Unterschiedlich gereckte Polyamidseiden wurden der Stauchkräuselung unterworfen, wonach mittels verschiedener optischer Verfahren die Verteilung der Molekülorientierung über den Querschnitt der Texturseide untersucht wurde. Die Größe der Molekülorientierung auf der konvexen Fadenseite und ihre Änderung über den Querschnitt werden durch die Molekülorientierung der nichttexturierten Seide bestimmt. Die konkave Fadenseite ist praktisch vollständig desorientiert. Die Verringerung der Molekülorientierung bei der Texturierung wird durch in Längsrichtung wirkende Stauchkräfte hervorgerufen.

DK 678.675'126:[66.095.3:678.6]:541.124:541.127.4

Gohlke, Ulrich, und *Reinisch, Gerhard*

Zum Polykondensationsgleichgewicht bei Polycaprolactam

Faserforsch. u. Textiltechnik **24** (1973) 7, S. 282—288. 7 Abb., 10 Tab., 40 Lit.

Die Einstellung des Polykondensationsgleichgewichts bei Polycaprolactam wird durch Nebenreaktionen an beiden Kettenenden sowie durch das Wasserverteilungsgleichgewicht zwischen Schmelze und Dampfphase beeinflußt. Unter Berücksichtigung dieser Einflußgrößen wurden mit zuverlässigen Analysenmethoden neue, sicherere Konstanten des Polykondensationsgleichgewichts im Temperaturbereich 230 bis 280 °C ermittelt.

DK 677.494.674'524'420:678.6—13:677.021.125.3:677.862.524:677.017.222

Hoffrichter, Siegfried

Einfluß des Reckens auf die Eigenschaften von Polyester- und Copolyesterfäden

Teil I: Die Veränderung des Schrumpfens, der Reckkraft und Schrumpfkraft beim einstufigen Recken

Faserforsch. u. Textiltechnik **24** (1973) 7, S. 289—299. 15 Abb., 3 Tab., 28 Lit.

An Polyester- und Copolyesterfäden wird der Einfluß der Reckparameter auf das Schrumpfvermögen und die Schrumpfkraft experimentell untersucht. Es wird nachgewiesen, daß die Höhe von Schrumpfbetrag und -kraft von den einzelnen Reckparametern und von der Temperaturführung bei der einstufigen Reckung stark beeinflußt wurden. Zwischen der Reckkraft und Schrumpfkraft besteht für den Parameter Reckverhältnis ein funktioneller Zusammenhang.

DK 061.3.055.1:677.021.127:677.61:677.64

Fischer, P.

Folienherstellung und -verarbeitung zu textilen Erzeugnissen

Faserforsch. u. Textiltechnik **24** (1973) 7, S. 299—300.

Wissenschaftliches Kolloquium am 28. 3. 1973 in Dresden

Neue Bücher S. 301—302.

Patentschau S. 302—305.

Literaturschau S. 305—308.

Die Zeitschrift ,,Faserforschung und Textiltechnik" erscheint monatlich in Heften zu 48 Textseiten im Format A 4. Der Preis für das Einzelheft beträgt M 15,— (Sonderpreis für DDR M 9,—), für den Vierteljahrbezug M 45,— (Sonderpreis für DDR M 27,—), zuzügl. Bestellgeld. Die Berechnung erfolgt zu Beginn eines Vierteljahrs für 3 Hefte. Bestellungen aus dem Gebiet der Deutschen Demokratischen Republik an ein Postamt, eine Buchhandlung oder den Verlag, aus der Deutschen Bundesrepublik an eine Buchhandlung oder die Auslieferungsstelle Kunst und Wissen, Erich Bieber, 7 Stuttgart 1, Wilhelmstraße 4—6, aus dem Ausland an eine Importbuchhandlung, den Deutschen Buch-Export und -Import GmbH., 701 Leipzig, Postschließfach 276, oder den Akademie-Verlag GmbH., 108 Berlin, Leipziger Str. 3—4 (Fernruf: 220441; Telex-Nr. 0112020; Postscheckkonto 35021) erbeten. Bestellnummer dieses Heftes: 1014/24/7. Alleinige Anzeigenannahme DEWAG-WERBUNG, 1054 Berlin, Wilhelm-Pieck-Str. 49, und alle DEWAG-Betriebe in den Bezirksstädten der DDR. — Bestellungen in der UdSSR nehmen entgegen: Städtische Abteilungen von ,,SOJUZPECHATJ" bzw. Postämter und Postkontore.

Herausgeber und verantwortlich für den Inhalt: Prof. Dr. Dr. Erich Correns, Institut für Polymerenchemie der Akademie der Wissenschaften der DDR, 153 Teltow-Seehof, Fernruf: Teltow 4831; Prof. Dr.-Ing. habil. Wolfgang Bobeth, Institut für Technologie der Fasern der Akademie der Wissenschaften der DDR, 801 Dresden, Hohe Str. 6, Fernruf: 44721; Prof. Dr.-Ing. Hans Böhringer, 682 Rudolstadt; Prof. Dr. Hermann Klare, Prof. Dr. habil. Burkart Philipp und Dr. habil. Christian Ruscher, Institut für Polymerenchemie der Akademie der Wissenschaften der DDR, 153 Teltow-Seehof, Fernruf: Teltow 4831. Schriftleiter: Joachim Brämer und Dipl.-Chem. Ingeborg Ruscher, 153 Teltow-Seehof, Kantstr. 55. Verlag: Akademie-Verlag GmbH., 108 Berlin, Leipziger Straße 3—4. Satz und Druck: Druckhaus ,,Maxim Gorki", 74 Altenburg. — Veröffentlicht unter der Lizenznummer 1280 des Presseamtes beim Vorsitzenden des Ministerrates der Deutschen Demokratischen Republik.

Manuskriptsendungen sind an einen der Herausgeber oder die Schriftleitung zu richten. Für Inhalt und Form gelten die ,,Richtlinien für die Annahme und Abfassungen von Beiträgen", erhältlich von der Schriftleitung. Die Verfasser größerer wissenschaftlicher Arbeiten erhalten außer dem Honorar ein Heft und 50 Sonderdrucke ihrer Arbeit unentgeltlich. Nachdrucke sowie Übersetzungen in fremde Sprachen des Inhalts dieser Zeitschrift und deren Verbreitung — auch auszugsweise mit Quellenangabe — bedürfen der schriftlichen Vereinbarung mit dem Verlag.

Faserforschung und Textiltechnik

WISSENSCHAFTLICH-TECHNISCHE ZEITSCHRIFT FÜR DIE CHEMIEFASER- UND TEXTILINDUSTRIE

Band 24 Juli 1973 Heft 7

Zur Kinetik der Polyäthylenterephthalatbildung im offenen System

II. Einfluß thermisch bedingter Nebenreaktionen auf den Polykondensationsverlauf[1])

Gerald Rafler, Eckhard Bonatz und Gerhard Reinisch

Akademie der Wissenschaften der DDR, Institut für Polymerenchemie in Teltow-Seehof, Abt. Polykondensate

DK 678.674'524'420:[66.095.3:678.6]:541.124:541.127.1:541.128

Die kinetische Analyse des Polykondensationsverlaufs unter Reaktionsbedingungen, bei denen mit thermisch aktivierten Spaltungsreaktionen des Polyäthylenterephthalats zu rechnen ist, gestattete einen sehr empfindlichen Nachweis dieser Nebenreaktionen anhand der Abweichungen vom Zeitgesetz der ungestörten Reaktion. Mit zunehmender Carboxylgruppenkonzentration wurde die effektive Polykondensationsgeschwindigkeit verringert. Weiterhin wurde die Kinetik der Carboxylgruppenbildung unter Polykondensationsbedingungen in Abhängigkeit von Katalysatortyp und Reaktionstemperatur untersucht.

О кинетике образования полиэтилентерефталата в открытой системе

II. Влияние термически обусловленных побочных реакций на кинетику процесса поликонденсации

Кинетический анализ процесса поликонденсации в условиях, когда возможны термически активированные реакции расщепления ПЭТ, позволяет весьма чувствительное обнаружение таких побочных реакций по отклонениям от кинетики ненарушенной реакции. С увеличением концентрации карбоксильных групп уменьшалась эффективная скорость поликонденсации. Кроме того изучена кинетика образования карбоксильных групп в условиях поликонденсации в зависимости от типа катализатора и температуры реакции.

The Kinetics of Formation of Polyethyleneterephthalate in an Open System

II. Effect of Thermal Side Reactions on the Polycondensation Process

The kinetic analysis of the polycondensation process under conditions favouring thermal splitting reactions of polyethyleneterephthalate allows a highly sensible detection of these side reactions by deviations from the time dependence of the undisturbed reaction. Increasing content of carboxyl groups was found to result in reduced effective rate of polycondensation. Further, the dependence of the kinetics of formation of carboxyl groups on the type of catalyst and temperature of reaction was investigated under the conditions of polycondensation.

1. Einleitung

In [1] wurden Ergebnisse zur Kinetik der Polyäthylenterephthalatbildung in einem zwangsdurchmischten Polykondensationssystem dargelegt. Danach läßt sich die metallionenkatalysierte Polyumesterung des Bis-(β-hydroxyäthyl)-terephthalats durch ein Zeitgesetz zweiter Ordnung beschreiben, wenn Nebenreaktionen, die der eigentlichen Polymerbildungsreaktion überlagert sind, nur in geringem Umfang auftreten. In dieser Mitteilung soll der Einfluß thermisch bedingter Nebenreaktionen auf die Kinetik der Polyäthylenterephthalatbildung unter Polykondensationsbedingungen diskutiert werden.

2. Polykondensationsverlauf in Abhängigkeit von Reaktionstemperatur und Katalysatortyp

Bei der Bestimmung der Aktivierungsparameter der Polyäthylenterephthalatbildung fanden wir, daß in Abhängigkeit vom zugesetzten Katalysator bei höheren Reaktionstemperaturen der Polymerisationsgrad nicht mehr linear mit der Zeit zunahm und damit das zugrunde gelegte Zeitgesetz zweiter Ordnung nicht mehr in vollem Umfang gilt. Je höher wir die Reaktionstemperatur wählten, desto ausgeprägter war bei $\overline{P}_n = f(\tau)$ die Abweichung von der Linearität (Bild 1, 2, 3 und 4). Durch differentielle kinetische Auswertung läßt sich zum gewählten Zeitpunkt τ die augenblickliche Reaktionsgeschwindigkeit durch Bestimmung von $d\overline{P}_n/d\tau$ angeben. In den Tabellen 1 und 2 sind die numerischen Werte für die effektiven Reaktionsgeschwindigkeitskonstanten für die durch Zink- und Calciumionen katalysierte Polykondensation von Bis-(β-hydroxyäthyl)-terephthalat für verschiedene Reaktionstemperaturen angegeben. Die Abnahme der Polykondensationsgeschwindigkeit ist an den numerischen Werten ebenso zu erkennen wie an den Kurven der Bilder 1 bis 4.

Für alle untersuchten Katalysatoren außer Zinkacetat (vgl. auch [1]) und Reaktionstemperaturen bis 280 °C war innerhalb des untersuchten Reaktionszeitraumes das zugrunde gelegte Zeitgesetz zweiter Ordnung voll gültig. Bei 290 °C waren lediglich für die antimonkatalysierte Reaktion noch keine Störungen des Polykondensationsverlaufs mittels der angewandten Experimentalmethodik kinetisch feststellbar. Bei Reaktionstemperaturen $t > 300$ °C übertrifft das Ausmaß der thermisch aktivierten Nebenreaktionen die Geschwindigkeit der eigentlichen Polymerbildungsreaktion schon nach relativ kurzen Reaktionszeiten.

[1]) Teil I s. [1].

Tabelle 1. $k_{eff}(\tau)$ *der Polykondensation von Bis-(β-hydroxyäthyl)-terephthalat im gerührten Reaktionssystem*
Katalysator: $5 \cdot 10^{-4}$ mol/mol $Zn(ac)_2$

τ min	10^{-3} g/m mol s 260 °C	10^{-3} g/m mol s 270 °C
30	1,68 konst.	2,94
60		2,54
90		1,97
120		1,60
150		1,27
180		0,92
210		0,56
240		0,37

Tabelle 2. $k_{eff}(\tau)$ *der Polykondensation von Bis-(β-hydroxyäthyl)-terephthalat im gerührten Reaktionssystem*
Katalysator: $5 \cdot 10^{-4}$ mol/mol $Ca(ac)_2$

τ min	10^{-3} g/m mol s 270 °C	10^{-3} g/m mol s 290 °C
30	0,62 konst.	1,24
60		1,24
90		1,24
120		1,24
150		1,24
180		1,12
210		0,68
240		0,39
270		0,20

3. *Zur Kinetik der Carboxylgruppenbildung unter Polykondensationsbedingungen*

Die temperatur- und katalysatorabhängigen Störungen des Polykondensationsverlaufs von Bis-(β-hydroxyäthyl)-terephthalat zeigen, daß neben Transportphänomenen [2] auch Nebenreaktionen Einfluß auf die effek-

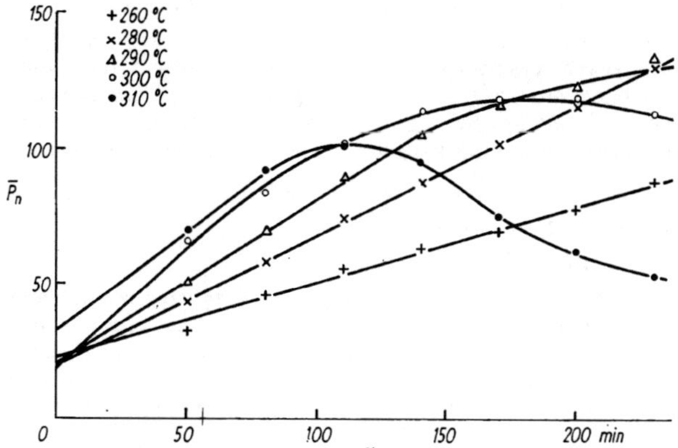

Bild 1. Polykondensation von Bis-(β-hydroxyäthyl)-terephthalat
Katalysator: $3 \cdot 10^{-4}$ mol/mol $Mn(ac)_2$

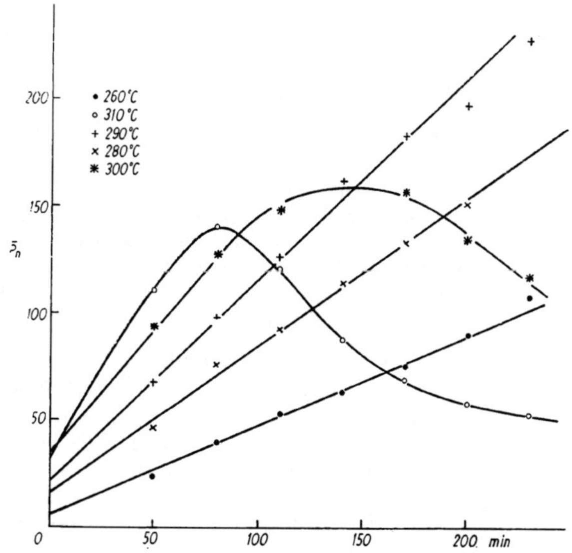

Bild 2. Polykondensation von Bis-(β-hydroxyäthyl)-terephthalat
Katalysator: $3 \cdot 10^{-4}$ mol/mol $Sb(ac)_3$

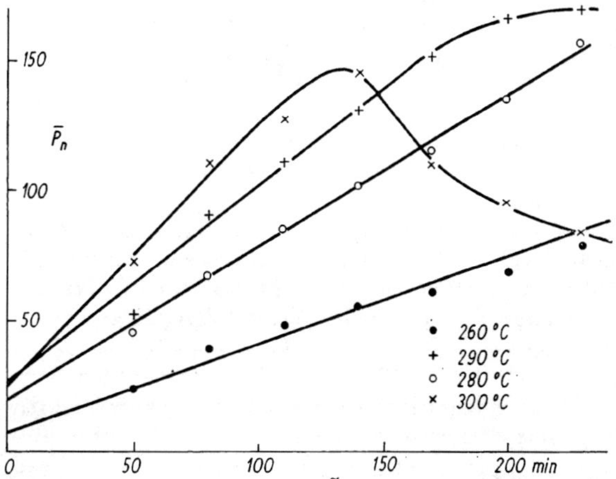

Bild 3. Polykondensation von Bis-(β-hydroxyäthyl)-terephthalat
Katalysator: $3 \cdot 10^{-4}$ mol/mol $Al(ac)_3$

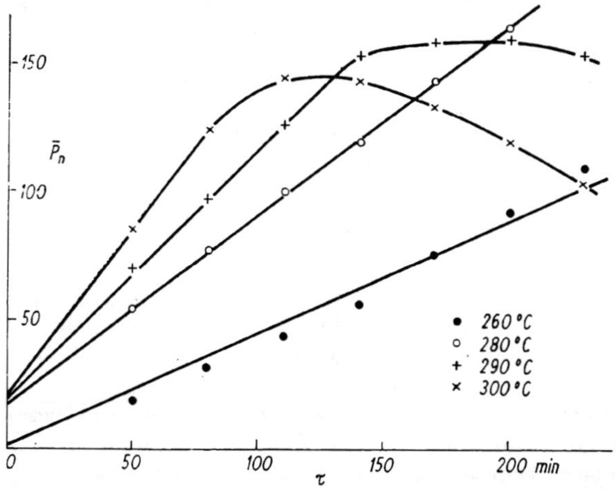

Bild 4. Polykondensation von Bis-(β-hydroxyäthyl)-terephthalat
Katalysator: $3 \cdot 10^{-4}$ mol/mol GeO_2

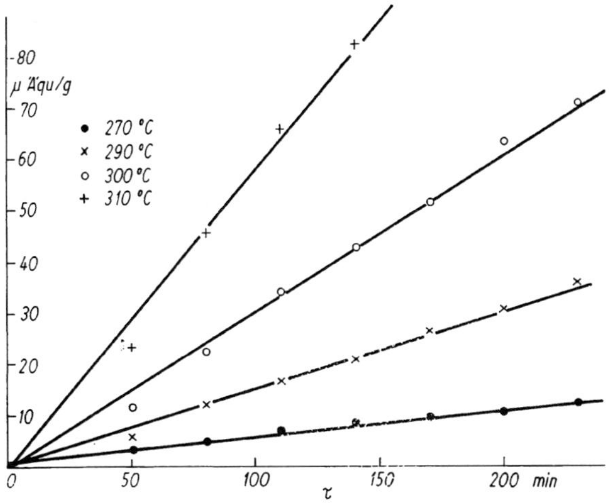

Bild 5. $C_{COOH} = f(\tau)$ an Polyäthylenterephthalat
Katalysator: $3 \cdot 10^{-4}$ mol/mol $Sb(ac)_3$

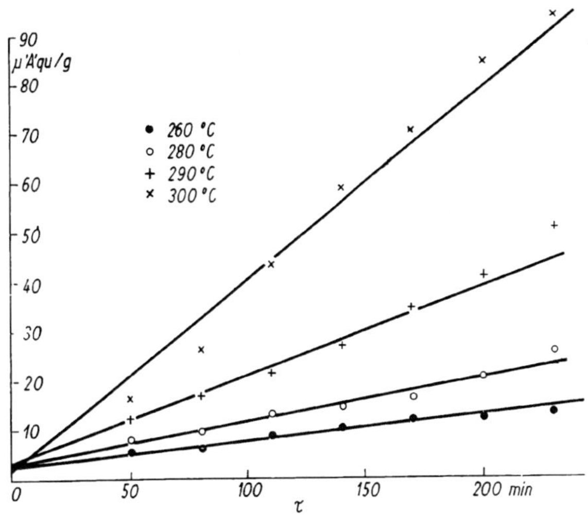

Bild 6. $C_{COOH} = f(\tau)$ an Polyäthylenterephthalat
Katalysator: $3 \cdot 10^{-4}$ mol/mol $Al(ac)_3$

tive Gesamtreaktionsgeschwindigkeit nehmen können. Wesentlichste Nebenreaktion sollte nach den erhaltenen Experimentalergebnissen dabei der thermische Abbau sein. Die Verringerung der Polykondensationsgeschwindigkeit ist zwar durch den thermischen Abbau erklärbar; sie kann aber nicht als Maß für diesen herangezogen werden, da nach *Zimmermann* und *Leibnitz* [3] innerhalb des recht komplizierten Reaktionsablaufs neben kettenspaltenden auch kettenverknüpfende Reaktionen ablaufen. Das Ausmaß der Spaltungsreaktionen kann am sichersten anhand der Carboxylgruppenbildung verfolgt werden, wobei pro Spaltschritt eine Carboxylgruppe gebildet wird [3]. Zu beachten ist allerdings, daß die gebildeten Carboxylgruppen auch anteilig durch Folgereaktionen, insbesondere Veresterungen, wieder verschwinden können.

Für die antimon- und aluminiumkatalysierte Polykondensation von Bis-(β-hydroxyäthyl)-terephthalat fanden wir, daß die auf den thermischen Abbau zurückzuführende Carboxylgruppenbildung nach einem Zeitgesetz pseudo-nullter Ordnung verläuft (Bild 5 und 6). Aus der Temperaturabhängigkeit der Reaktionsgeschwindigkeitskonstanten ermittelten wir die Aktivierungsenergie der Carboxylgruppenbildung zu $E_A = 43{,}5$ kcal/mol in Gegenwart von Antimon(III)-Ionen und zu $E_A = 46$ kcal/mol in Gegenwart von Aluminium(III)-Ionen. Unter Abbaubedingungen in einem nichtdurchmischten System bestimmte *Goodings*

Tabelle 3. Carboxylgruppenkonzentration an Polyäthylenterephthalat
Katalysator: $3 \cdot 10^{-4}$ mol/mol GeO_2

τ min	C_{COOH} μÄqu/g			
	260 °C	280 °C	290 °C	300 °C
50	6,8	11,4	11,5	13,5
80	10,6	14,5	20,0	28,3
110	11,1	18,7	27,7	38,3
140	12,8	22,0	33,0	49,2
170	13,0	23,0	35,8	58,8
200	13,0	25,1	40,2	66,4
230	13,0	25,9	44,2	72,0

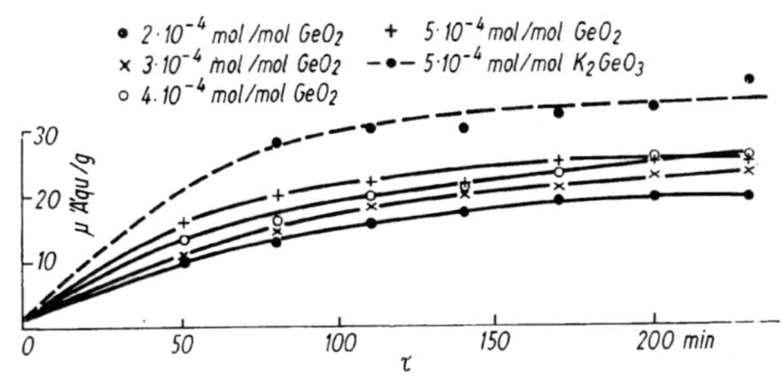

Bild 7. $C_{COOH} = f(\tau)$ an Polyäthylenterephthalat
Katalysatoren: GeO_2 und K_2GeO_3 280 °C

[4] die Aktivierungsenergie der Carboxylgruppenbildung zu $E_A = 41{,}7$ kcal/mol.

Die durch zink- und germaniumhaltige Polykondensationskatalysatoren verursachte thermische Schädigung des Polyäthylenterephthalats ließ sich nicht durch ein einfaches integrales Zeitgesetz beschreiben. Ähnlich wie *Yoda* [5] fanden wir für germaniumhaltige Katalysatoren eine rasche Carboxylgruppenzunahme in der ersten Reaktionsphase (Tabelle 3).

Erwartungsgemäß nimmt das Ausmaß der thermschen Schädigungen bei Erhöhung der Katalysatorkonzentration zu (Bild 7). Die höhere Schädigungsrate bei Einsatz von Kaliumgermanat gegenüber Germaniumdioxid dürfte wohl auf die höhere Kationenkonzentration bei ersterem zurückzuführen sein (Bild 7).

4. *Polykondensationsgeschwindigkeit und Carboxylgruppengehalt*

Eine quantitative Beschreibung des komplexen Reaktionsablaufs „Polykondensation — thermischer Abbau" ist durch Ermittlung von $\bar{P}_n = f(\tau)$ und $C_{COOH} = f(\tau)$ noch nicht möglich. Der Vergleich beider Funktionen zeigt jedoch, daß ein deutlicher Zusammenhang zwischen der Verringerung der Polykondensationsgeschwindigkeit und der Carboxylgruppenzunahme besteht. Bei Erhöhung der Reaktionstemperatur und bei Einsatz stärker abbaufördernder Katalysatoren stieg die Carboxylgruppenkonzentration an, und die Polymerisationsgradzunahme war geringer, als dem zugrunde gelegten Zeitgesetz entsprach.

Ein Abbauschema, das die Spaltungs- und Folgereaktionen bei der Thermolyse von Polyäthylenterephthalat enthielt, wurde 1962 von *Zimmermann* [6] formuliert und diskutiert.

5. *Experimentalmethodik*

5.1. *Polykondensationsmethodik*

Die Polykondensationen wurden nach der in [1] beschriebenen Verfahrensweise durchgeführt und kinetisch ausgewertet.

5.2. *Carboxylgruppenbestimmung*

Die Bestimmung des Carboxylgruppengehaltes der Polyäthylenterephthalatproben erfolgte mittels photometrischer Titration in o-Kresol(7)/Chloroform(3) nach *van Lingen* [7]. Titriert wurde mit 0,02 n methanolischer KOH gegen Bromphenolblau als Indikator. 250 mg der im Vakuum über P_4O_{10} getrockneten Polyesterprobe werden in 25 ml Lösungsmittelgemisch bei 115 °C unter Rühren und unter Stickstoff innerhalb von 15 min gelöst. 20 ml dieser Polymerenlösung werden zusammen mit 0,4 ml einer 0,002 m Lösung des Indikators in einer 30-ml-Küvette titriert.

Die Titrationen wurden im Spektralphotometer „Spekol" mit Titrieransatz (VEB Carl Zeiss, Jena) ausgeführt. Die Aufzeichnung der Extinktionskurve (bei 602 nm) erfolgte auf dem Schreiber des Potentiographen E 336 (Metrohm/Herisau), der mit einer automatischen 1-ml-Kolbenbürette gekoppelt ist. Bei einem Mittelwert von C_{COOH} = 31,7 μÄqu/g betrug die Standardabweichung s (C_{COOH}) = ± 0,3 μÄqu/g. Die Standardabweichung wurde aus zehn Einzelbestimmungen ermittelt. In Tabelle 4 sind Carboxylgruppenkonzentrationswerte gegenübergestellt, die mittels photometrischer und visueller Titration nach *Pohl* [8] erhalten wurden.

Frau *M. Bierbrauer*, Frau *I. Ruhnau* und Frau *K. Schnaubelt* danken wir für die experimentelle Mitarbeit.

Dem VEB Chemiefaserkombinat Schwarza „Wilhelm Pieck" sind wir für die verständnisvolle materielle Förderung dieser Arbeiten zu Dank verpflichtet.

Tabelle 4. Photometrisch und visuell ermittelte Carboxylgruppenkonzentrationen an Polyäthylenterephthalaten

$\overline{P}_n$	C_{COOH} μÄqu/g	
	photometr.	visuell
51,5	21,3	20,9
70,0	24,0	23,1
89,3	27,2	32,1
105,6	31,0	32,0

Literatur

[1] *Rafler, G., Bonatz, E.*, und *Reinisch, G.*: Zur Kinetik der Polyäthylenterephthalatbildung im offenen System. I. Polykondensation von Bis-(β-hydroxyäthyl)-terephthalat in einem gerührten Polykondensationssystem. Faserforsch. u. Textiltechnik **24** (1973) 6, S. 235—239.

[2] *Rafler, G., Bonatz, E.*, und *Reinisch, G.*: Zur Kinetik der Polyäthylenterephthalatbildung im offenen System. III. Polykondensation in statischer dünner Schicht. Faserforsch. u. Textiltechnik **24** (1973) 8 im Druck.

[3] *Zimmermann, H.*, und *Leibnitz, E.*: Chemische Untersuchungen über faserbildende Polyester. II. Modellversuche zum thermischen Abbau von Polyäthylenterephthalat. Faserforsch. u. Textiltechnik **16** (1965) 6, S. 282—290.

[4] *Goodings, E. P.*: Thermal degradation of polyethylene terephthalate. Soc. chem. Ind., London, Monograph **13** (1961) S. 211—228.

[5] *Yoda, K.*: The effect of catalysts on the formation of poly(ethylene terephthalate). Kobunshi Kagaku, Tokyo (Chem. High Polymers) **24** (1967) S. 472—478.

[6] *Zimmermann, H.*: Chemische Untersuchungen über faserbildende Polyester. I. Über die thermische Stabilisierung von Polyäthylenterephthalat. Faserforsch. u. Textiltechnik **13** (1962) S. 481—490.

[7] *van Lingen, R. L. M.*: Photometrische Titration der Carboxylendgruppen in Polyäthylenterephthalat. Z. analyt. Chemie **247** (1969) S. 232—235.

[8] *Pohl, H. A.*: Determination of carboxyl endgroups in a polyester, polyethylene terephthalate. Analytic. Chem. **26** (1954) 10, S. 1614—1616.

Eingegangen am 25. Januar 1973

Molekülorientierung in Polyamidtexturseiden

I. Stauchtexturierte Seiden

M. P. Nosov und T. S. Mel'nik

Kiewer Filiale des Unions-Kunstfaserforschungsinstituts

DK 677.494.675'126—042.2:677.022.784:677.014.84:677.014.84

Unterschiedlich gereckte Polyamidseiden wurden der Stauchkräuselung unterworfen, wonach mittels verschiedener optischer Verfahren die Verteilung der Molekülorientierung über den Querschnitt der Texturseide untersucht wurde. Die Größe der Molekülorientierung der konvexen Fadenseite und ihre Änderung über den Querschnitt werden durch die Molekülorientierung der nichttexturierten Seide bestimmt. Der konkave Fadenabschnitt ist praktisch vollständig desorientiert. Die Verringerung der Molekülorientierung bei der Texturierung wird durch in Längsrichtung wirkende Stauchkräfte hervorgerufen.

Молекулярная ориентация в текстурированных полиамидных волокнах
I. Гофрированные волокна

Полиамидные волокна с разной степенью вытяжки гофрировались в механизме пресскамерного типа. Изучено различными оптическими методами распределение молекулярной ориентации по толщине текстурированного волокна. Показано, что это распределение имеет сложный характер. В местах изгиба волокна происходит значительная разориентация цепных молекул. Величина молекулярной ориентации на выпуклой стороне волокна и темп ее изменения по толщине определяются молекулярной ориентацией исходного нетекстурированного волокна. Вогнутая часть волокна оказывается практически полностью разориентированной. Показано, что снижение молекулярной ориентации при текстурировании вызвано продольными сжимающими усилиями.

Molecular Orientation in Textured Polyamide Yarns.
I. Stuff Textured Yarns

Polyamide filament yarns of different degree of drawing were subjected to stuff crimping and the distribution of molecular orientation in the cross section of the filament yarn was investigated by various optical methods. The molecular orientation in the convex part of the yarn and its change over the cross section are influenced by the molecular orientation in the original uncrimped yarn. The concave part of the yarn was found to be almost completely unoriented. The decrease in molecular orientation during stuff crimping is caused by stuffing forces acting in longitudinal direction.

Einleitung

Die Texturierung, eines der verbreitetsten Verfahren in der Chemiefasertechnologie, besteht darin, daß Seiden oder Fäden eine künstliche Kräuselung erteilt wird [1 bis 8].

Unter den zahlreichen Verfahren zur Kräuselung sind die mechanothermischen Verfahren am bekanntesten, bei denen zur Erzielung einer Kräuselung mechanische Einwirkungen mit anschließender thermischer Behandlung angewandt werden.

Über 90% aller gegenwärtig in der Welt erzeugten Texturseiden werden auf Maschinen hergestellt, die auf der Grundlage des mechanothermischen Prinzips arbeiten.

Trotz zahlreicher Arbeiten über die Technologie der Texturierung [1 bis 5] und über Analysenverfahren zur Untersuchung der Eigenschaften texturierter Fäden [6, 7, 8] sind die physikalischen Grundlagen der Texturierungstechnologie nur sehr schwach entwickelt. Praktisch ungeklärt sind die hauptsächlichen Strukturveränderungen in den Fäden während der Texturierung, unbekannt ist auch der Zusammenhang zwischen dem Charakter und der Größe der wirksamen Kräfte einerseits und der Veränderung verschiedener Strukturparameter der Fäden andererseits. Unklar sind bisher auch die Beziehungen zwischen den physikalisch-mechanischen Eigenschaften der Texturseiden und den wichtigsten Strukturfaktoren.

Dieser Umstand hemmt in erheblichem Maße die weitere Entwicklung der Technologie und Qualitätsverbesserung der Texturseiden. Wir hatten uns deshalb die Aufgabe gestellt, eingehend die Änderung der Molekülorientierung in den Texturseiden zu untersuchen. Dieses Merkmal wurde nicht zufällig gewählt, sondern weil — wie inzwischen gut bekannt — gerade die Molekülorientierung für den weiten Komplex der Eigenschaften von Polyamidseiden verantwortlich ist [9, 10].

Methodischer Teil

Als Untersuchungsobjekte dienten ungereckte KAPRON-Seiden aus dem Chemiefaserkombinat Kiew, die nach der üblichen Technologie ersponnen waren. Die Seiden wurden auf einer Spezialvorrichtung [10] unterschiedlich gereckt und danach auf der Maschine OVG-500-I [11] stauchgekräuselt.

Der tatsächliche Reckgrad wurde aus dem Quotienten der Durchmesserquadrate der ungereckten und der gereckten Seide berechnet.

Zur Bestimmung der Molekülorientierung wurden die Doppelbrechung, das dichroitische Verhältnis im sichtbaren polarisierten Licht, das dichroitische Verhältnis aus den IR-Spektren und die Schallgeschwindigkeit herangezogen.

Zur Beurteilung der mittleren Molekülorientierung in den geknickten und geraden Bereichen von Texturseiden mit unterschiedlichem Reckgrad wurde die Doppelbrechung nach dem Kompensationsverfahren (Calcit-Kompensator KPK-2) im Polarisationsmikroskop MIN-8 bestimmt. Zur Berechnung diente nachstehende Formel:

$$\Delta n = n_{\parallel} - n_{\perp} = \frac{\Delta}{d}. \quad (1)$$

Darin bedeuten Δn die Doppelbrechung, Δ die Gangdifferenz in nm, d die Dicke des Fadens in nm.

Die Untersuchung des Dichroismus wurde nach *Preston* [12] vorgenommen, und zwar durch Anfärben der Fadenproben mit Kongorot (0,1 g/l) bei 50 °C während 20 min. Gemessen wurde im Bereich des maximalen Dichroismus des Farbstoffs (535 nm) in einer Spezialvorrichtung aus einem Polarisationsmikroskop ohne Monokulartubus, jedoch mit Aufsatz. Die Meßvorrichtung ist schematisch in Bild 1 dargestellt.

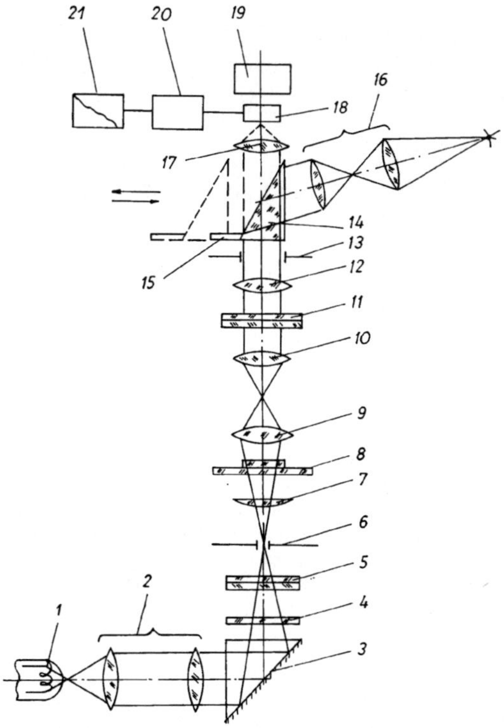

Bild 1. Optisches Schema des Geräts zur Bestimmung des dichroitischen Verhältnisses der Fäden im sichtbaren Licht

Das Mikroskop besteht aus der Lichtquelle *1* mit den Kondensorlinsen *2*, dem Prisma *3*, aus auswechselbaren Interferenzlichtfiltern *4*, dem Polarisator *5*, der Aperturblende *6* und dem Kondensor *7*. Um zu vermeiden, daß auf das Untersuchungsobjekt *8* nichtparallele Lichtstrahlen gelangen, die die Ergebnisse verfälschen, wurde Parallelität des Strahlenbündels durch Verringerung des Durchmessers der Aperturblende *6* erreicht.

Die Arbeitsöffnung der Blende beträgt 0,2 der vollständigen Öffnungsfläche. Der Objektträger mit der Fadenprobe *8*, das Objektiv *9*, die untere Korrekturlinse *10*, der Analysator *11* und die obere Korrekturlinse *12* vervollständigen das Mikroskopsystem.

Der Aufsatz ist mit dem Tubus des Mikroskops verbunden und enthält im Strahlengang den Längsspalt *13*, der sich oberhalb der Korrekturlinse *12* befindet, die die Arbeit des Spalts im parallelen Strahlengang gewährleistet. Bei Verwendung des Objektivs *40* schneidet der Spalt aus dem Objekt einen Bereich von 25 bis 30 nm Breite und etwa 60 nm Länge aus.

Das drehbare Reflexionsprisma *14* mit dem Griff *15* ist über dem Spalt angebracht und lenkt den Strahlengang in das Okular *16*. Letzteres dient zur Fokussierung des Objekts *8* im Spalt *13*; die Sammellinse *17* befindet sich über dem Prisma in der Ebene der Austrittsöffnung des Mikroskops.

Das Fotoelement *18* ist im Brennpunkt der Sammellinse *17* untergebracht und erhält Strom vom Block *19*. Das entstehende elektrische Signal wird im Gleichstromverstärker *22* verstärkt und im Gerät *21* registriert.

Die Lichtquelle *1* wird über einen Spannungskonstanthalter gespeist.

Hinter dem Reflexionsprisma *3* befindet sich im Strahlengang ein Interferenzfilter *4* mit einer schmalen Durchlässigkeitsbande im Bereich des maximalen Dichroismus des Farbstoffs.

Mit Hilfe des drehbaren Prismas *14* und des Okulars *16* erfolgt die Scharfeinstellung des Mikroskopobjektivs auf das Untersuchungsobjekt über die Grob- und Feineinstellung des Objektträgers. Die Fadenabbildung muß mit dem senkrechten Fadenkreuz im Okular *16* zusammenfallen. Der Polarisator *5* wird so eingestellt, daß die Fadenachse mit der Richtung des elektrischen Vektors des einfallenden Lichtes übereinstimmt.

Zur genaueren Übereinstimmung der Fadenachse mit der Richtung der parallelen Komponente des polarisierten Lichtes dient der Analysator *11*. Bei richtiger Einstellung erscheint der Faden in den gekreuzten Polaroiden dunkel, der Analysator wird ausgeschwenkt.

Anschließend wird durch Betätigen des Griffes *15* das Prisma *14* aus dem Strahlengang ausgeschwenkt, und die parallele Komponente des polarisierten Lichtes, die durch die Probe und den Spalt hindurchgelangt, wird durch die Linse *17* auf das Fotoelement *13* fokussiert. Das vom Fotoelement ausgehende Signal wird im Verstärker *20* verstärkt und im Meßgerät *21* aufgezeichnet. Auf diese Weise wird die Intensität ($I_{\parallel}$) des durch die Probe parallel zur Fadenachse gelangenden Lichtes bestimmt.

Durch Drehen des Polarisators um 90° läßt sich dann die Intensität ($I_{\perp}$) des senkrecht zur Fadenachse durch die Probe gelangenden Lichtes ermitteln.

Nachdem noch die Intensität des durch das Objektglas ohne Probe in zwei zueinander senkrechten Richtungen gelangenden Lichtes ($I_{0\parallel}$ und $I_{0\perp}$) bestimmt wird, läßt sich das dichroitische Verhältnis für den vorliegenden Fadenabschnitt nach folgender Formel berechnen:

$$R_2 = \frac{d_{\parallel}}{d_{\perp}} = \frac{\lg I_{0\parallel} - \lg I_{\parallel}}{\lg I_{0\perp} - \lg I_{\perp}}. \tag{2}$$

Darin bedeuten $d_{\parallel}$ und $d_{\perp}$ die optische Dichte des angefärbten Fadens bei Polarisation des Lichts parallel bzw. senkrecht zur Fadenachse.

Anhand des IR-Dichroismus lassen sich Unterschiede in der Fadenorientierung infolge unterschiedlicher Absorption des Lichts parallel und senkrecht zur Reckachse nachweisen. Aus den gefundenen dichroitischen Verhältnissen werden die Orientierungsfaktoren in den amorphen und den kristallinen Bereichen des Polymeren berechnet [13]. Im IR-Bereich des Spektrums zeigt die Bande 963 cm^{-1} die Absorption der Moleküle im kristallinen Bereich an.

Benutzt wurde das Gerät UR-20 mit Selenpolarisator aus fünf Platten mit einem Polarisationsgrad von 98%. Der Faden wird auf ein Rähmchen gewickelt und in die Probenküvette eingebracht. Danach wird das Absorptionsspektrum der Fadenprobe bei Stellung des Polarisators parallel und senkrecht zur Fadenachse aufgenommen.

Zur Bestimmung der Schallgeschwindigkeit in den Texturseiden wurde das Impuls-Frequenz-Verfahren unter Heranziehung des bereits früher beschriebenen Gerätes [13] bei Raumtemperatur und 200 kHz angewandt.

Der Abstand zwischen Schallquelle und Empfänger betrug 50 mm. Um gleiche Meßbedingungen zu schaffen, wurden die Fadenproben mit einem Massestück belastet, das der zur vollständigen Reckung erforderlichen Kraft entsprach. Diese Kraft wurde in Vorversuchen ermittelt und betrug je nach der Feinheit der Fäden 300 bis 600 p.

Experimentelle Ergebnisse

Bei der Bestimmung der Molekülorientierung traten prinzipielle Schwierigkeiten auf, und zwar werden die Struktur und die Morphologie der Fäden durch die Texturierung stark gestört. Es bilden sich zahlreiche Mikrodefekte, die Interferenzfärbungen an der Stelle der Defekte sind sehr uneinheitlich. Untersucht wurden eingehend die verschiedensten Veränderungen in den Fäden nach der Texturierung. Dabei zeigte sich vor

Bild 2. Typische Defekte in stauchgekräuselten KAPRON-Fäden (im polarisierten Licht)

1, 2 Komplexe Zerstörung des Fadens; 3, 4 zahlreiche Verschiebungen in der Knickzone; 5, 6, 7 Verdickungen an den Knickstellen; 8 Doppelverschiebung; 9 Zerstörung der Außenwand; 10, 11 starke Zerstörung der Innenwand

allem, daß fast alle Arten von Defekten an den geknickten Fadenabschnitten entstehen, während die zwischen zwei Knicken befindlichen geraden Fadenabschnitte entweder keinerlei Veränderungen in den Interferenzfarben, im Vergleich zur nichttexturierten Seide, oder nur geringfüge Veränderungen aufweisen.

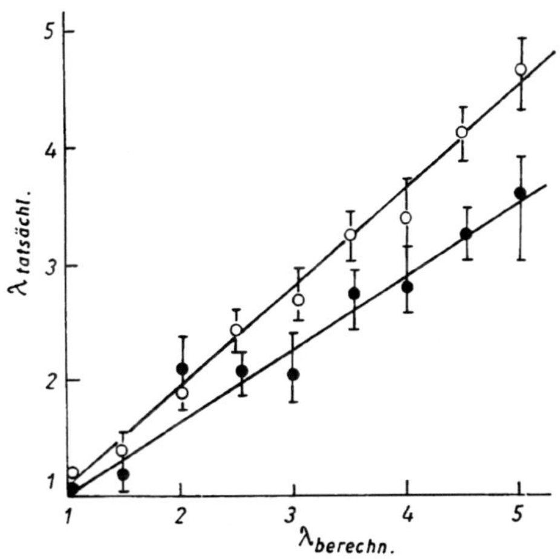

Bild 3. Beziehung zwischen tatsächlichem und (auf der Maschine) berechnetem Reckgrad für KAPRON-Texturseiden

o geknickte Fadenbereiche • gerade Fadenabschnitte

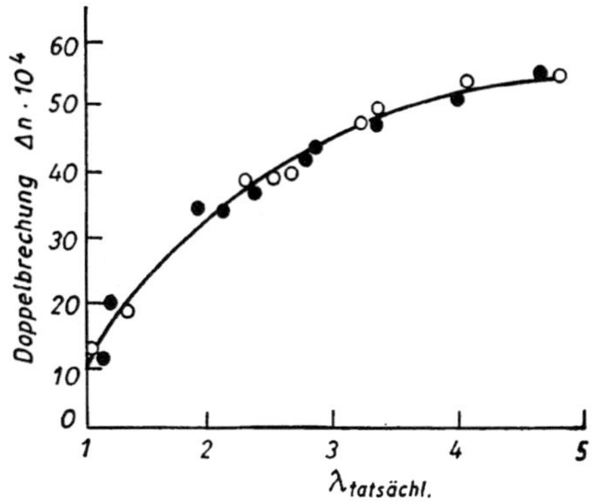

Bild 4. Einfluß des Reckgrades auf die Änderung der Doppelbrechung von KAPRON-Texturseiden

o geknickte Fadenbereiche • gerade Fadenabschnitte

Bild 2 zeigt typische Makrodefekte, wie sie in den geknickten Fadenbereichen auftreten. Wie zu sehen ist, handelt es sich dabei um die verschiedensten Grade von Störungen der Fadenstruktur. Die Ursachen für diese Störungen werden weiter unten betrachtet.

Versucht man den tatsächlichen Reckgrad in den geknickten Fadenabschnitten zu bestimmen, so ergibt sich das in Bild 3 dargestellte Ergebnis. Der Umstand, daß die geknickten Abschnitte einen wesentlich niedrigeren Reckgrad als die geraden Fadenabschnitte aufweisen, ist verständlich, da der Faden an den Knickstellen beträchtlich dicker ist. Das spricht dafür, daß an der Knickstelle eine merkliche Desorientierung der Kettenmoleküle stattfinden muß. Es wurde daher versucht, das Ausmaß dieser Desorientierung anhand der Doppelbrechung zu bestimmen. Zu diesem Zweck wurde nach der oben beschriebenen Methodik die Doppelbrechung getrennt für die geknickten und die geraden Fadenabschnitte bestimmt. Die Abhängigkeit der Doppelbrechung vom Reckgrad ist in Bild 4 wiedergegeben. Dabei zeigte sich, daß die Doppelbrechung eindeutig vom tatsächlichen Reckgrad abhängt und nicht mit wesentlichen Veränderungen der Morphologie während des Texturierens zusammenhängt. Die anhand der Doppelbrechung bestimmbare Desorientierung läßt sich nun leicht nach folgender Formel berechnen:

$$\text{Desorientierung}_{(\text{Doppelbr.})} = \frac{\Delta n_g - \Delta n_k}{\Delta n_g} \cdot 100\% . \quad (3)$$

Darin bedeutet Δn_g den Mittelwert der Doppelbrechung der geraden Fadenabschnitte und Δn_k den Mittelwert der Doppelbrechung der geknickten Fadenabschnitte.

Die Änderung der Molekülorientierung in Abhängigkeit vom Reckgrad ist in Bild 5 dargestellt. Die stärkste Zunahme der Desorientierung ist für niedrige Reckgrade ($\lambda_{\text{berechn.}}$ — Reckgrad auf der Maschine) festzustellen.

Die Geschwindigkeit der Desorientierung nimmt mit dem Reckgrad ab und ist im Bereich $\lambda = 3$ bis 3,5 gleich Null. Es zeigt sich auch der einer „Orientierungsschwelle" der Kristallite analoge Effekt, der für KAPRON-Seide bereits früher gefunden wurde [14, 15]. Obwohl mit steigendem Reckgrad die Desorientierung zunimmt, wird die mittlere Molekülorientierung doch größer. In

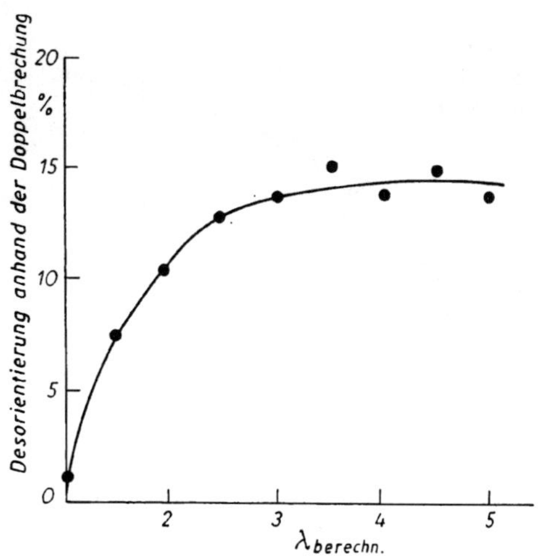

Bild 5. Desorientierung der geknickten Bereiche von KAPRON-Texturseiden in Abhängigkeit vom Reckgrad

Bild 6 sind die Mittelwerte der dichroitischen Verhältnisse aus den IR-Spektren (R_1) und aus Beobachtungen im sichtbaren polarisierten Licht (R_2) angegeben. Daraus ist zu entnehmen, daß das dichroitische Verhältnis mit steigendem Reckgrad annähernd linear wächst. Erstaunlich ist, daß im gesamten untersuchten Bereich $R_1 > R_2$ ist. Hier muß erwähnt werden, daß R_1 für die kristalline Bande 963 cm^{-1} bestimmt wurde und die Orientierung der Kristallite charakterisiert, während R_2 die Orientierung der amorphen Bereiche kennzeichnet. Aus dem Vergleich des Verlaufs dieser beiden Beziehungen ist zu ersehen, daß in den nichtorientierten Fäden zwischen der Orientierung der kristallinen und der amorphen Bereiche kein Unterschied bestand. Mit steigendem Reckgrad wird dieser Unterschied immer spürbarer.

Die Befunde sind offenbar so zu interpretieren, daß praktisch die gesamte Desorientierung nur in den amorphen Fadenbereichen stattfindet. Berücksichtigt man die in morphologischer Beziehung erfolgten fundamentalen Veränderungen (s. Bild 2), so ist zu sagen, daß die Orientierung der Kristallite einen sehr konservativen Faktor darstellt.

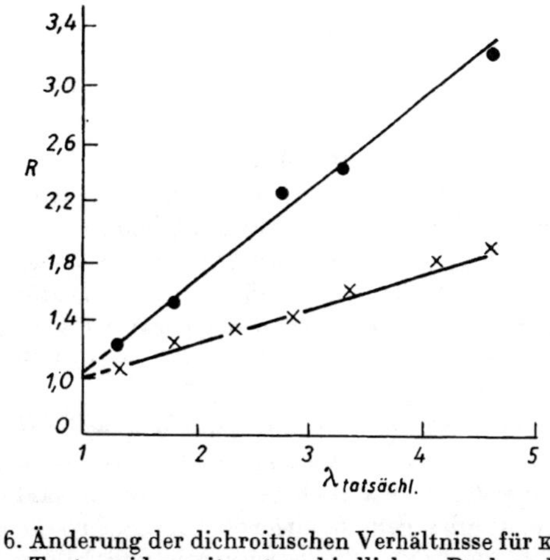

Bild 6. Änderung der dichroitischen Verhältnisse für KAPRON-Texturseiden mit unterschiedlichem Reckgrad
• IR-spektroskopisch × im sichtbaren Licht

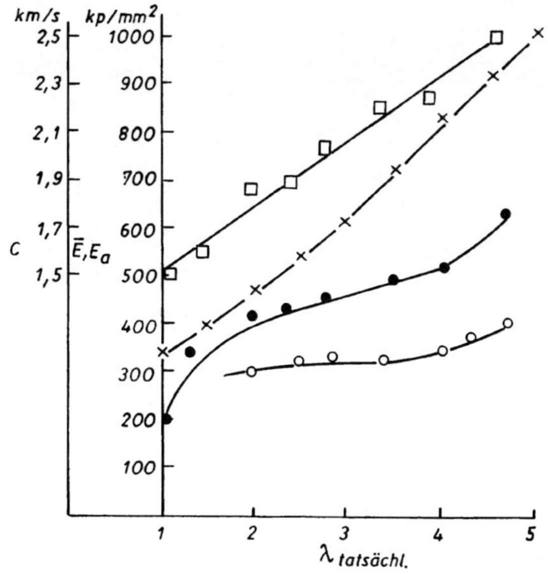

Bild 7. Einfluß des Reckens auf die Änderung der Schallgeschwindigkeit und des Elastizitätsmoduls von KAPRON-Texturseiden
× E nicht texturierte Fäden □ C texturierte Fäden ○ E • E_a

Ähnlich liegen die Verhältnisse auch, wenn man die Molekülorientierung anhand der Schallgeschwindigkeit beurteilt. Bild 7 zeigt die Änderung der Schallgeschwindigkeit (C), des mittleren Elastizitätsmoduls (E) und des Elastizitätsmoduls der amorphen Fadenbereiche (E_a) in Abhängigkeit vom Reckgrad. Zum Vergleich ist die Änderung des Elastizitätsmoduls für nichttexturierte Fäden dargestellt.

Wie aus dem Bild hervorgeht, erfolgt der Anstieg des mittleren Elastizitätsmoduls bei den Texturseiden langsamer. Besonders deutlich ist das an der Änderung von E_a zu erkennen. Zur Berechnung von E_a dient folgende Gleichung:

$$E_a = \frac{E_i \cdot (1 - C_k)}{E_i/E - (1 - \alpha_k) C_k}. \tag{4}$$

Darin bedeuten E_a den Elastizitätsmodul des Polymeren in den amorphen Bereichen, E_i den Elastizitätsmodul des isotropen Fadens, E den Elastizitätsmodul eines Versuchsfadens mit dem Kristallinitätsgrad C_k und einem Orientierungsfaktor der Kristallite von a_k.

Die Werte des Orientierungsfaktors der Kristallite für KAPRON-Fäden mit unterschiedlichem Reckgrad wurden der Arbeit [14] entnommen.

Die Gleichung (4) ist bereits früher unter der Voraussetzung eines zweiphasigen Aufbaues des Polymeren abgeleitet worden [16, 17].

Aus den Angaben über die Schallgeschwindigkeit wurden die Orientierungsfaktoren berechnet:

$$\alpha = 1 - \frac{C_i^2}{C^2} = 1 - \frac{E_{ia}}{E},$$

$$\alpha_a = 1 - \frac{E_{ia}}{E_a}.$$

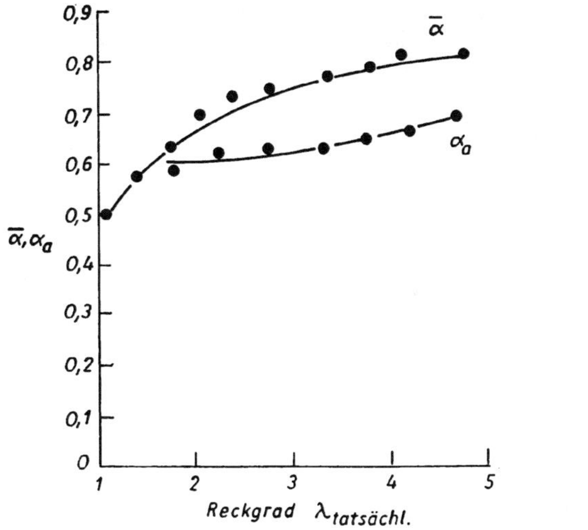

Bild 8. Änderung der mittleren Orientierung (ᾱ) und der Orientierung in den amorphen Bereichen (α_a) von KAPRON-Texturseiden

Hier bedeuten α den mittleren Orientierungsfaktor der Moleküle, α_a den Orientierungsfaktor für die amorphen Bereiche.

Bild 8 zeigt, daß die mittlere Orientierung der Molekülketten in den amorphen Fadenbereichen sich praktisch mit dem Reckgrad nicht ändert.

Vorstehend wurde von der Änderung der mittleren Orientierung in texturierten Seiden gesprochen. Aber bereits ein nur flüchtiger Blick auf Bild 2 läßt erkennen, daß die Orientierung über den Fadenquerschnitt sehr starke Unterschiede aufweist. Außerordentlich spezifisch für die Geometrie des texturierten Fadens ist, daß an den Knickstellen die eine Seite konvex und die andere konkav ist. Bereits aus einer einfachen Betrachtung der Interferenzfarben wird klar, daß die Farben höherer Ordnung näher zum konvexen Rand liegen, die Farben niederer Ordnung dagegen näher zum konkaven Rand. Das spricht dafür, daß auf der konvexen Seite die Moleküle eine höhere Ordnung aufweisen müssen. Um zu quantitativen Aussagen über diesen Effekt zu gelangen, wurde folgendes Verfahren angewandt. Anhand von Messungen des dichroitischen Verhältnisses im sichtbaren Spektralbereich wurde die Molekülorientierung der amorphen Bereiche schichtweise in den geknickten Bereichen des texturierten Fadens beurteilt. Mit Kongorot angefärbte, 2 bis 3 cm lange Fadenstückchen wurden auf ein Deckglas in Immersionsflüssigkeit gebracht und mit einem Deckglas bedeckt.

In das Gesichtsfeld wurden nacheinander geknickte Fadenabschnitte geschoben. An jeder Knickstelle wurde über die Breite das dichroitische Verhältnis gemessen. Dabei sicherte die Spaltbreite, daß auf das Fotoelement nur Licht fällt, das durch einen Probenausschnitt von etwa 5 bis 6 µm Breite und 20 bis 25 µm Länge hindurchgegangen ist. Derartige Ausschnitte wurden an beiden Rändern und in der Mitte des Fadens ausgewählt. Die aus 20 Knickstellen erhaltenen Daten wurden für die Darstellung der Kurven benutzt.

Bild 9 zeigt die Änderung des dichroitischen Verhältnisses R_2 über den Fadendurchmesser in seinem geknickten Teil. Als Null wurde ein Punkt auf der konvexen Seite des Fadens angenommen. Die ausgezogenen Linien verbinden die arithmetischen Mittel des dichroitischen Verhältnisses im sichtbaren Licht, die Punkte bezeichnen die jeweiligen Meßpunkte.

Wie aus dem Bild 9 zu entnehmen ist, nimmt die Orientierung der Molekülketten in den amorphen Bereichen von Polyamidtexturseiden vom konvexen zum konkaven Fadenrand hin ab. Beachtung verdient die Tatsache, daß die Streuung der Meßergeb-

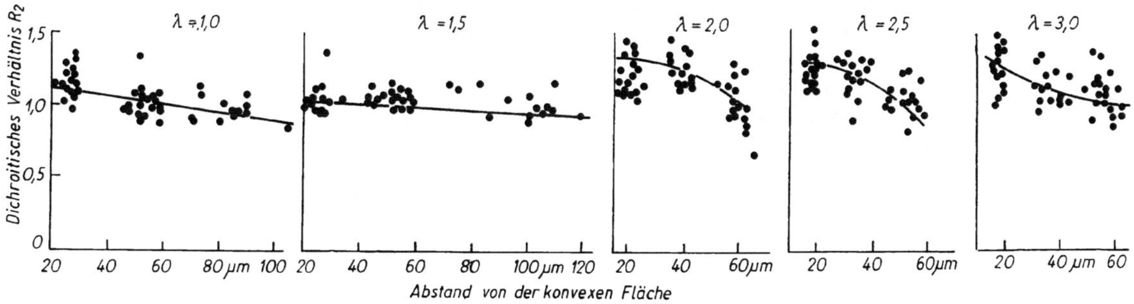

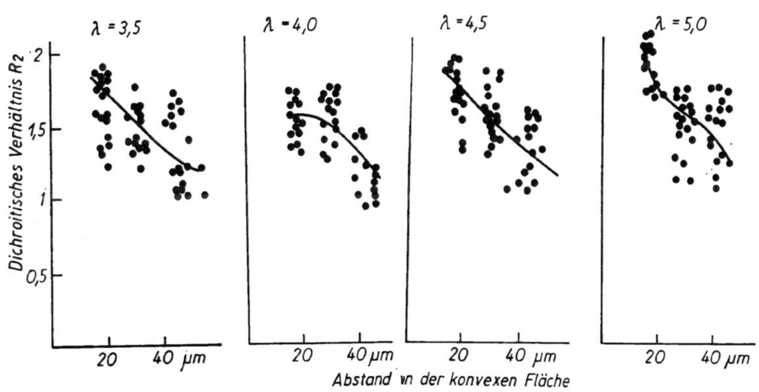

Bild 9. Statistische Verteilung der Werte für das dichroitische Verhältnis von KAPRON-Texturseiden mit unterschiedlichem Reckgrad

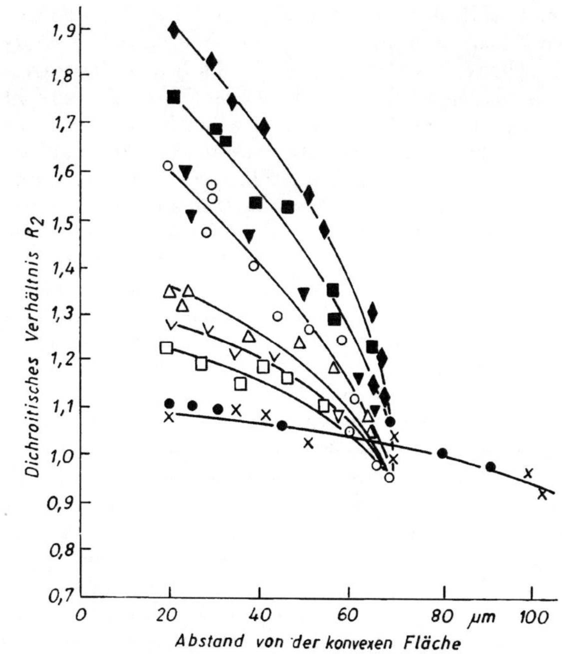

Bild 10. Änderung des dichroitischen Verhältnisses über den Querschnitt im Knickbereich für KAPRON-Texturseiden mit unterschiedlichem Reckgrad:
♦ 5,0 ■ 4,5 ▼ 4,0 ○ 3,5 △ 3,0 ∨ 2,5 □ 2,0 ● 1,5 × 1,0

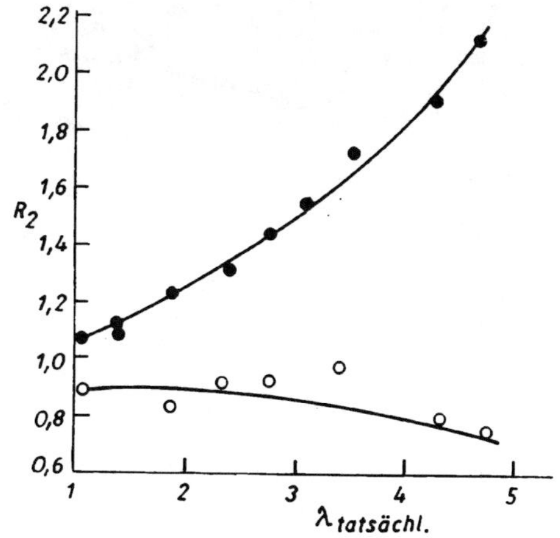

Bild 12. Änderung der aus Bild 10 extrapolierten R_2-Werte
● am konvexen Rand ○ am konkaven Rand

nisse mit steigendem Reckgrad zunimmt. So beträgt z. B. der Variationskoeffizient für $\lambda_{\text{berechn.}} = 1{,}5$ 18%, während er für $\lambda_{\text{berechn.}} = 5{,}0$ bei 62% liegt.

Die Änderung von R_2 über den Fadendurchmesser ist auch gut in Bild 10 zu erkennen. Es lassen sich die absolute und die relative Desorientierung der geknickten Fadenbereiche anhand der Änderung des dichroitischen Verhältnisses im sichtbaren Licht ablesen.

Die absolute Desorientierung ergibt sich aus der Differenz zwischen den dichroitischen Verhältnissen des konvexen und des konkaven Teils des Fadens. Da es experimentell nicht gelang, die entsprechenden Verhältnisse zu bestimmen, wurden diese durch Extrapolieren aus Bild 10 gewonnen. Dazu wurden alle

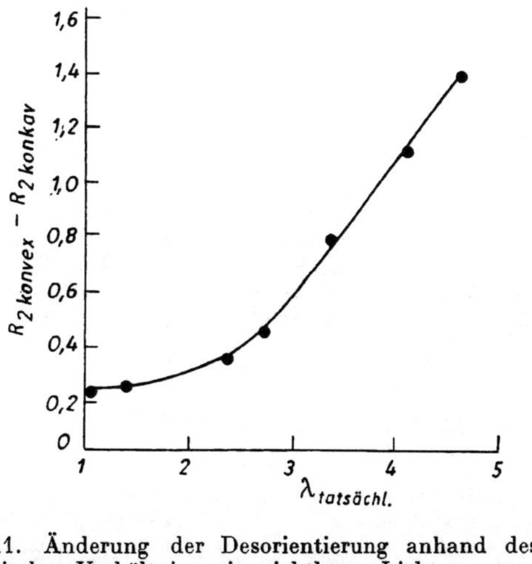

Bild 11. Änderung der Desorientierung anhand des dichroitischen Verhältnisses im sichtbaren Licht von KAPRON-Texturseiden mit unterschiedlichem Reckgrad

Kurven nach links bis zum Schnittpunkt mit der Ordinate (R_{konvex}) und nach rechts um 20 µm (R_{konkav}) verlängert. Die absolute Desorientierung ist dann gleich der Differenz (ΔR), die relative gleich der auf den Mittelwert bezogenen Differenz.

Die Änderung der Desorientierung in Abhängigkeit vom tatsächlichen Reckgrad ist in Bild 11 dargestellt. Sowohl aus Bild 10 als auch aus Bild 11 geht hervor, daß mit steigendem Reckgrad die Desorientierung der Fadenschichten, die näher zum konkaven Rand liegen, stark zunimmt. Bereits bei einer Entfernung von etwa 5 bis 10 µm vom konkaven Rand entspricht die Molekülorientierung unabhängig vom Reckgrad derjenigen des ungereckten Fadens. Andererseits ist die Orientierung am konvexen Rand sehr hoch und nimmt mit dem Reckgrad stark zu (vgl. Bild 12).

Diskussion der Ergebnisse

Aus den Darlegungen folgt, daß die Molekülorientierung sehr ungleichmäßig über den Fadenquerschnitt verteilt ist. Vor allem zeigt sich im Gegensatz zum nichttexturierten Faden keine zylindrische Symmetrie.

An den Knickstellen nimmt die Morphologie des Fadens einen „Schichtcharakter" an. Der hauptsächlichste Unterschied zwischen den Schichten besteht in der Orientierung der Molekülketten in der amorphen Phase. Die höchste Orientierung beobachtet man in den Schichten unmittelbar am konvexen Fadenrand. Hier hängt die Orientierung wesentlich von der Orientierung im nichttexturierten Faden ab. Mit zunehmendem Abstand vom konvexen Rand und Annäherung an den konkaven Rand geht die Orientierung in der amorphen Phase zurück, wobei das Ausmaß insgesamt wieder von der Orientierung im Ausgangsfaden abhängt.

Es existiert ein bestimmter Bereich im Faden (näher zum konkaven Rand), in dem die Orientierung sehr gering ist und sich praktisch nicht von derjenigen des isotropen Fadens unterscheidet. Es besteht weiterhin Grund zu der Annahme, daß die Orientierung der Moleküle in diesem Bereich senkrecht zur Fadenachse erfolgt. Die Beobachtungen ergaben, daß dieser Zustand für alle untersuchten Fäden charakteristisch

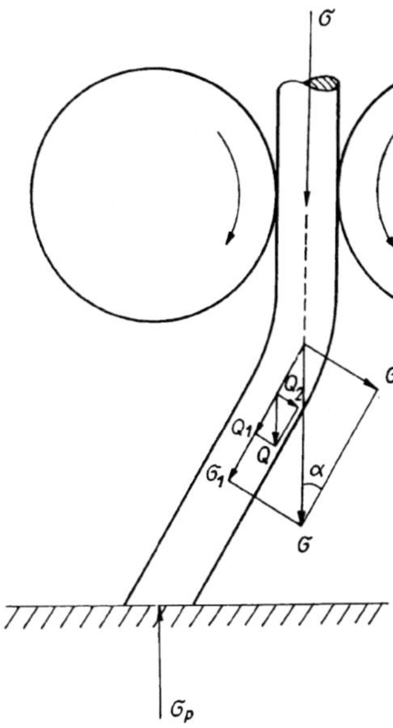

Bild 13. Schematische Darstellung der Stauchkräuselung

ist und von der Orientierung der nichttexturierten Fäden unabhängig ist.

Aus dem Kurvenverlauf in Bild 10 geht deutlich hervor, daß die Molekülorientierung des Ausgangsfadens den Abstand vom konkaven Rand bestimmt, in dem sich dieser „Isotropiebereich" befindet.

Die gefundenen Veränderungen in der Struktur der texturierten Fäden stimmen gut mit den Beobachtungen von Lünenschloß [8] überein. Letzterer fand, daß die Schallgeschwindigkeit sich mit steigendem Reckgrad der texturierten Fäden nicht ändert, so daß die Desorientierung hauptsächlich in den amorphen Bereichen stattfindet.

Um die während der Texturierung in den Fäden auftretenden Veränderungen verstehen zu können, muß man Charakter und Größe der auf den Faden wirkenden Kräfte kennen. Das ist jedoch sehr schwierig, da der Texturierungsprozeß selbst sehr kompliziert ist und genaue Berechnungen für anisotrope Systeme, wie sie orientierte Fäden darstellen, fehlen. Es müssen deshalb einige Zugeständnisse gemacht werden, oder es muß ein bestimmtes Modell für die Entstehung der Kräuselung gewählt werden. Am weitesten fortgeschritten ist das Modell für die Stauchkräuselung, das in [18] für Faden von 4 bis 10000 tex vorgeschlagen wurde. Dabei zeigte sich, daß die auf den Faden wirkende Hauptkraft die Längsstauchung ist.

Betrachten wir nun die auf einen Faden während der Stauchkräuselung wirkenden Kräfte (Bild 13). Der Faden befindet sich im Gleichgewicht unter der Einwirkung der Umfangskraft G und des Gegendrucks der verdichteten Schicht G_p. Infolge der möglichen Wanderung des unteren Klemmpunktes weicht der Faden von der Vertikalen ab, so daß auf ihn seine Eigenmasse Q wirkt. Im Gegensatz zu den in Längsrichtung wirkenden Kräften ist die Fadenmasse bekanntlich sehr geringfügig, so daß sie hier vernachlässigt werden kann [18]. Die Zerlegung der Längskraft G in ihre Komponenten ergibt $G_1 = G \cdot \cos \Theta$ und $G_2 = G \cdot \sin \Theta$. Der Winkel Θ ändert sich bekanntlich nur in geringen Grenzen, deshalb kann angenommen werden, daß $G = G_1$ ist.

Aus der Elastizitätstheorie ist bekannt [19, 20], daß bei der Einwirkung einer in Längsrichtung stauchenden Kraft auf einen biegsamen Stab dieser an Stabilität verliert, wenn die Kraft eine gewisse kritische Größe erreicht. Ein derartiger Verformungscharakter von Chemieseiden beim Stauchkräuseln konnte mit Hilfe spezieller kinematografischer Aufnahmen in [18] nachgewiesen werden.

Die Größe dieser Kraft kann als kritische Beanspruchung bestimmt werden, bei der Stabilitätsverlust des Stabes eintritt [19, 20]:

$$(G + \Theta \cdot p \cdot l)_{\text{krit}} = \frac{B \cdot \beta}{l^2}.$$

Darin bedeuten G die kritische Stauchkraft, die einen Stabilitätsverlust des Stabes bewirkt, p die verteilte Belastung, l die Länge des Stabes, B die Starrheit des Stabes, Θ und β von den Einspannbedingungen des Stabes abhängende Koeffizienten.

Wie in [18] für Kabel aus verschiedenen Chemieseiden gezeigt wurde, gilt

$$G_{\text{krit}} = \frac{20{,}8 \cdot \beta}{2} \cdot K,$$

wobei K ein von der Anzahl der Kräuselungen abhängiger Parameter ist.

Anhand der angeführten Formel wurden die G_{krit}-Werte für die untersuchten KAPRON-Seiden berechnet (Tabelle 1). In der Tabelle wurden folgende Bezeichnungen benutzt:

$\lambda_{\text{tats.}}$ tatsächlicher Reckgrad,
d Fadendurchmesser,
$I_{\min}, I_{\max}$ polares Trägheitsmoment des Seidenquerschnitts, minimal bzw. maximal.

Tabelle 1. Werte der kritischen Stauchkräfte und -spannungen

$\lambda_{\text{tats.}}$	d µm	$I_{\min}$ mm⁴	$I_{\max}$ mm⁴	E kp/mm²	$B_{\min}$ kp/mm²	$B_{\max}$ kp/mm²	$G_{\min}$ kp	$G_{\max}$ kp	$q_{\min}$ kp/mm²	$q_{\max}$ kp/mm²
1,2	120	$1{,}1 \cdot 10^{-3}$	$4{,}2 \cdot 10^{-3}$	150	0,17	0,63	2,4	9,1	1,3	4,8
1,3	106	$0{,}8 \cdot 10^{-3}$	$2{,}7 \cdot 10^{-3}$	155	0,08	0,42	1,8	6,1	1,3	4,4
1,8	90	$5 \cdot 10^{-4}$	$2 \cdot 10^{-3}$	220	0,10	0,44	1,4	6,3	1,4	6,3
2,4	78	$3 \cdot 10^{-4}$	$1{,}3 \cdot 10^{-3}$	280	0,08	0,37	1,8	5,4	2,5	7,5
2,7	75	$2{,}5 \cdot 10^{-4}$	$1{,}1 \cdot 10^{-3}$	360	0,09	0,40	1,6	5,8	2,3	8,4
3,2	67	$2 \cdot 10^{-4}$	$0{,}9 \cdot 10^{-3}$	520	0,10	0,45	1,4	6,5	2,5	11,6
4,2	58	$1{,}3 \cdot 10^{-4}$	$0{,}5 \cdot 10^{-3}$	710	0,09	0,35	1,6	5,0	4,0	12,4
4,6	56	$1{,}1 \cdot 10^{-4}$	$0{,}4 \cdot 10^{-3}$	850	0,09	0,34	1,6	4,9	4,2	12,8

Es wurde nach folgender Formel

$$I = \frac{b \cdot h^3}{12}$$

mit b = Breite des Fadens und h = Feinheit berechnet; h wurde gleich 1d (I_{min}) und 2d (I_{max}) gesetzt.

Die Breite des Fadens wurde unter der Annahme einer dichten Packung von 156 Elementarfäden in einem Reckteck mit den Abmessungen b · h berechnet.

E = akustischer Elastizitätsmodul in kp/mm²,
B = Steifigkeit, $B = E \cdot I$ in kp/mm²,
G_{krit} = Kritische Stauchkraft in kp,
q = axiale Stauchspannung kp/mm²

$$q = \frac{G_{krit}}{n \frac{\pi d^2}{4}},$$

n = Anzahl der Fäden.

Wie aus den Angaben der Tabelle zu ersehen ist, hängen Steifigkeit und kritische Längsstauchkraft praktisch nicht vom Orientierungsgrad der Moleküle ab. Das hängt damit zusammen, daß die Verringerung des polaren Trägheitsmomentes des Fadens infolge Abnahme seiner Feinheit durch einen Anstieg des Elastizitätsmoduls mit zunehmendem Reckgrad kompensiert wird.

Die Längsstauchspannung hängt jedoch bereits stark vom Reckgrad ab, da sie sich in exponentieller Abhängigkeit vom Elementarfadendurchmesser befindet.

Man kann fest davon überzeugt sein, daß diese Spannung nicht kleiner als q_{min} ist, da diese Größe für ein Bändchen berechnet wurde, das nur aus einer Reihe von Fäden bestand. Beobachtungen zum Durchgang der Fäden durch die Lieferwalzen zeigen, daß die Elementarfäden in der Seide in mehreren Schichten angeordnet sind und in den Lieferwalzen stark gequetscht werden, weshalb q_{min} zu hoch sein kann.

Hier ist nun zu fragen, inwieweit die wirkende Spannung den Faden desorientieren kann?

Wie von *Bobeth* und *Päßler* [21] am Beispiel von orientierter Polyamidborste gezeigt wurde, führt die gleiche, senkrecht auf die Fadenachse wirkende Spannung beim Stauchen zu erheblich größeren relativen Verformungen als beim einachsigen Zug.

Für orientierte Polyamidfäden beobachtet man die Fließgrenze bei Stauchbelastungen bis zu 6 kp/mm². Genauso ist auch die elastische Erholung bei der Stauchung etwa nur halb so groß wie beim Zug.

Diese Angaben sprechen dafür, daß die beim Stauchen stattfindenden Veränderungen eingreifender sind als beim Zug, was mit der Anisotropie des Verhaltens des Verbandes der orientierten Makromoleküle gegenüber dem Kraftfeld zusammenhängt.

Das Stauchungs-Verformungs-Diagramm besteht aus drei Abschnitten [21]: I Anstieg der Belastung proportional zur Verformung; II Bereich der plastischen Verformung; III erneuter proportionaler Anstieg der Verformung mit der Kraft (Bild 14). Es ist anzunehmen, daß im Bereich II die Desorientierung der Moleküle oder „negatives Recken“ stattfinden.

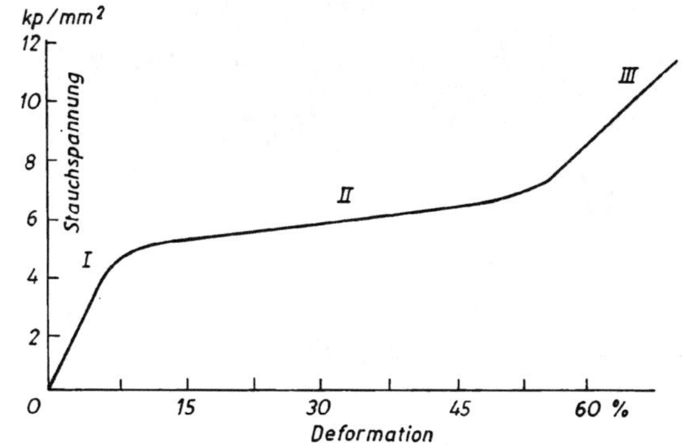

Bild 14. Stauchungs-Verformungs-Diagramm für orientierte Polyamidborste

Widerstand gegen die einwirkende Kraft wird hier hauptsächlich nicht von den Hauptvalenzbindungen entgegengesetzt, sondern von den zwischenmolekularen Wechselwirkungskräften. Im Bereich III ist die Probe bereits stark desorientiert, so daß die Stauchkraft senkrecht zu den Ketten zu wirken beginnt, weshalb die Nachgiebigkeit des Materials in diesem Bereich wesentlich geringer ist.

Vergleicht man Bild 10 und Bild 14, so läßt sich nun erklären, warum unabhängig vom Reckgrad der gestauchte (konkave) Teil des Fadens praktisch vollständig desorientiert ist. Aus Tabelle 1 ist zu ersehen, daß die beim Texturieren auftretenden Längsstauchspannungen genügend groß sind, um den orientierten Faden bis zum Ausgangszustand zu verformen. Der Stabilitätsverlust des Fadens infolge des Knickens führt dazu, daß nur ein Teil des Fadens desorientiert ist.

Es wird auch verständlich, warum der Faden an den Knickstellen dicker ist als an den geraden Abschnitten. Gerade das wird durch die merklichere „negative Reckung“ in diesem Bereich hervorgerufen.

Die beim Stauchkräuseln des Fadens stattfindenden Veränderungen können auch die Querschnittsform ziemlich weitgehend verändern. In Bild 15 sind Querschnitte von texturierten Fäden mit unterschiedlichem Reckgrad abgebildet.

Die während des Texturierens stattfindenden Änderungen der Molekülorientierung müssen einen großen Einfluß auf den gesamten Eigenschaftenkomplex der Fäden ausüben.

So wird z. B. die Schrumpfung an der konvexen und an der konkaven Seite des Fadens unterschiedlich verlaufen. Die Fadenbereiche an der konvexen Seite werden sich beim Erhitzen oder Quellen verkürzen, während sie sich an der konkaven Seite infolge merklicher Kristallisation verlängern können. Im Endeffekt kann das zu einer Reckung der texturierten Fäden führen.

Wenn es möglich wäre, würden die desorientierten Bereiche der texturierten Fäden erneut wieder orientiert werden können. Das wird jedoch durch die orientierten Bereiche an der konvexen Seite verhindert. Derartige Strukturunterschiede sowie das Vorliegen von Makrodefekten sind die Ursachen für die im Vergleich zur nichttexturierten Seide geringere Festigkeit von Polyamidtexturseide.

Bild 15. Querschnitte von texturierten Fäden bei Reckgraden von 1,5 (a), 2,5 (b), 3,5 (c), 50 (d)

Zusammenfassung

1. Beim Stauchkräuseln von Polyamidseide entstehen Makrodefekte, die im wesentlichen an den Knickstellen lokalisiert sind. Es wurde eine Klassifizierung der Defekte nach äußeren Merkmalen vorgenommen.
2. An den Knickstellen findet eine beträchtliche Desorientierung statt, und zwar in der Hauptsache in den amorphen Fadenbereichen.
3. Über den Querschnitt des Fadens betrachtet, ist die Orientierung recht unterschiedlich. Am höchsten ist sie an der konvexen Seite des Fadenknicks, während sie an der konkaven Seite fast völlig verschwindet. Hier liegen das dichroitische Verhältnis und der Orientierungsgrad der amorphen Bereiche nahe bei den entsprechenden Werten für den ungereckten Faden.
4. Die Molekülorientierung an der konvexen Seite und ihre Abnahme in Richtung der konkaven Seite des texturierten Fadens wird durch die Orientierung im nichttexturierten Faden bestimmt. Auf der konkaven Seite ist sie vom Reckgrad des nichttexturierten Fadens praktisch unabhängig.
5. Die Streuung der Molekülorientierung über den Fadenquerschnitt wächst mit steigendem Reckgrad des nichttexturierten Fadens erheblich.
6. Die Abnahme der Molekülorientierung und die Art ihrer Verteilung über den Querschnitt des texturierten Fadens ist durch die in Längsrichtung wirkenden Stauchkräfte bedingt.

Literatur

[1] *Furne, F.*: Synthetische Faserstoffe. Moskva: Izd. Chimija 1971.
[2] *Usenko, V. A.*: Das Zwirnen von Seide. Moskva: Izd. Legkaja Industrija 1970.
[3] *Stojanov, A. V.*: Doktordissertation, Leningrad 1968.
[4] *Dudik, E.*: Doktordissertation, Leningrad 1969.
[5] *Volchonskij, A. A.*: Doktordissertation, Moskva 1969.
[6] *Smirnov, L. S.*: Habilitation, Leningrad 1971.
[7] *Zagorodnjaja, S. S.*: Doktordissertation, Kiew 1971.
[8] *Lünenschloß, J.*, und *Iyer, Ch.*: Einfluß des Verstreckungsgrades von Polyamid- und Polyesterfäden auf den Ablauf der Stauchkräuselung und die Eigenschaften der texturierten Fäden (II). Chemiefasern (1972) 1, S. 60–66.
[9] *Slucker, A. I.*: Habilitation, Leningrad 1968.
[10] *Nosov, M. P.*: Habilitation, Moskva 1967.
[11] *Nosov, M. P.*, *Michlina, V. V.*, *Tarasenko, N. K.*, u. a.: Legkaja Prom. Moskva (Leichtindustrie) (1972) 5, S. 18.
[12] *Preston, J. M.*: J. Soc. Dyers Colourists **47** (1931) S. 312.
[13] *Fraser, R. B.*: J. chem. Physics **24** (1956) S. 89; **28** (1958) S. 7113.
[14] *Nosov, M. P.*, und *Osinin, S. G.*: Akustische Methode zur Untersuchung der molekularen Orientierung von Faserstoffen. Vysokomol. Soed. (Hochmol. Verbind.) **8** (1966) 5, S. 829–833; dt. in: Sowjet. Beitr. Faserforsch. Textiltechnik **3** (1966) 9, S. 475–478.
[15] *Gojchman, A. Š.*, *Nosov, M. P.*, *Tret'jakov, Ju. N.*, und *Olejnik, V. G.*: Über den Verstreckungsmechanismus von KAPRON-Fäden: Vysokomol. Soed. (Hochmol. Verbind.) **7** (1965) 11, S. 1877–1833; dt. in: Sowj. Beitr Faserforsch. Textiltechnik **3** (1966) 3, S. 129–133.
[16] *Gojchman, A. Š.*, *Osinin, S. G.*, *Osinina, L. A.*, und *Nosov, M. P.*: Über die Korrelation der nach röntgenographischen und akustischen Messungen ermittelten Orientierung der Makromoleküle in Faserstoffen. Vysokomol. Soed. (Hochmol. Verbind.) 8 (1966) 1, S. 94–97.
[17] *Osinin, S. G.*, und *Nosov, M. P.*: Mech. Polimerov (Mech. d. Polymeren) (1967) 3, S. 409.
[18] *Rippenbejn, V. Ja.*: Doktordissertation, Moskva: VNIILTEKMAŠ 1971.
[19] *Timošenko, S. P.*: Stabilität elastischer Systeme. Moskva: Izd. OGIZ 1946.
[20] *Vol'mir, A. S.*: Stabilität elastischer Systeme. Moskva: GOSSTROJIZDAT 1963.
[21] *Bobeth, W.*, und *Pösler, H.*: Verhalten von Elementarfäden bei Quetschbeanspruchung in Radial- und in Längsrichtung. Izv. vysšich uš., Zav., Technol. tekstil. Prom. (Hochschulnachr. Technol. Textilind.) (1968) 6, S. 25–30.

Eingegangen am 8. Februar 1973

Zum Polykondensationsgleichgewicht bei Polycaprolactam[1])[2])

Ulrich Gohlke und Gerhard Reinisch

Akademie der Wissenschaften der DDR, Institut für Polymerenchemie in Teltow-Seehof, Abt. Polykondensate

DK 678.675'126:[66.095.3:678.6]:541.124:541.127.4

Die Einstellung des Polykondensationsgleichgewichts bei Polycaprolactam wird durch Nebenreaktionen an beiden Kettenenden sowie durch das Wasserverteilungsgleichgewicht zwischen Schmelze und Dampfphase beeinflußt. Unter Berücksichtigung dieser Einflußgrößen wurden mit zuverlässigen Analysenmethoden neue, sicherere Konstanten des Polykondensationsgleichgewichts im Temperaturbereich 230 bis 280 °C ermittelt.

О равновесной поликонденсации капролактама

На установление равновесия при поликонденсации капролактама оказывают влияние побочные реакции в обоих концах цепи и равновесие распределения воды между расплавом и паровой фазой. С учетом этих факторов при помощи надежных аналитических методов проведено уточнение констант равновесия поликонденсации в области температур от 230 до 280°C.

Polycondensation Equilibrium of Polycaprolactam

The adjustment of the polycondensation equilibrium is shown to be affected by side reactions on both chain ends and by the distribution equilibrium of water between the melt and the vapour phase. Considering these effects, definite equilibrium constants of polycondensation in the range from 230 to 280 °C were determined by reliable analytical methods.

1. Problemstellung

Die Gleichgewichtskonstante des Polykondensationsgleichgewichts (K_{PK}) von Polycaprolactam wird für reaktionstechnische Berechnungen bei der Herstellung und Verarbeitung des Polymeren (vgl. z. B. [1 bis 7]) und für wissenschaftliche Untersuchungen, beispielsweise für reaktionskinetische Arbeiten, mit möglichst großer Genauigkeit benötigt.

Gleichgewichtskonstanten des Polykondensationsgleichgewichts wurden zur Klärung kinetischer Fragen der Polycaprolactambildung von *Hermans, Staverman* u. Mitarb. [9] und von *Wiloth* [10] für die Temperaturbereiche 220 bis 221,5 und 250 bis 253,5 °C bestimmt. Die K_{PK}-Werte für niedrige Anfangswassergehalte sind durch Experimentalfehler (ca. 20% [9] bzw. 10% [10]) unsicher. Aus diesen Gleichgewichtskonstanten, die zum Teil nur aus Graphiken zu entnehmen sind, haben *Tobolsky* und *Eisenberg* [8] die Temperaturabhängigkeiten lediglich durch Extrapolation bestimmt.

Etwa zur gleichen Zeit wurde von *Fukumoto* [11] das Polykondensationsgleichgewicht unter Berücksichtigung der Verteilung der Gleichgewichtswassermenge zwischen Schmelze und Dampfphase untersucht. Die K_{PK}-Werte aus dieser Arbeit, die deutlich niedriger liegen als die von *Wiloth* bzw. von *Hermans, Staverman* u. Mitarb., können in ihrer Zuverlässigkeit nicht eingeschätzt werden, da experimentelle Details nicht mitgeteilt wurden.

Ähnlich verhält es sich mit Konstanten von *Reimschuessel* [12, 15, 21] und *Jansen* [13].

Jansen [13] hat neben eigenen Experimentalwerten die Werte von *Wiloth* [10] und von *Hermans, Staverman* u. Mitarb. [9] zur Beschreibung der Temperaturabhängigkeit der Gleichgewichtskonstanten in Form einer Exponentialfunktion benutzt. Ähnliche Exponentialfunktionen liegen auch von anderen Autoren vor (vgl. Tabelle 1).

Die Unterschiede der aus diesen Gleichungen berechenbaren Werte betragen 10 bis 20% und liegen damit zufällig in der gleichen Größenordnung wie die Experimentalfehler bei [9] und [10]. Im Vergleich dazu lassen Experimental-K_{PK}-Werte eine wesentlich stärkere Streuung der bisher bestimmten Konstanten (vgl. Tabelle 2) erkennen.

Trägt man diese Werte nach *van't Hoff* auf, so wird die Unsicherheit, die diesem Werteschwarm anhaftet, besonders augenfällig (vgl. Bild 1).

Wir stellten uns daher die Aufgabe, das Polykondensationsgleichgewicht unter Berücksichtigung aller inzwischen bekannt gewordenen chemischen und analysenmethodischen Erkenntnisse erneut zu untersuchen. Gleichzeitig sollte eine Abhängigkeit der Gleichgewichtskonstanten von der Anfangskonzentration untersucht werden, die für den Bereich

Tabelle 1. Experimentalgleichungen für K_{PK} als $f(T)$

Jansen	1967	$K_{PK} = \exp.\ (3870/T - 1{,}1)$	[13]
Griščenko	1968	$K_{PK} = 9{,}58\ \exp.\ (2110/T)$	[14]
Griščenko	1969	$K_{PK} = 11{,}69\ \exp.\ (2020/T)$	[5]
Reimschuessel	1971	$K_{PK} = \exp. 2{,}303\,(1342{,}5/T + 0{,}2033)$	[15]

Tabelle 2. K_{PK}-Experimentalwerte (ca. 10 mmol *Anfangswassergehalt*/mol *Caprolactam) als $f(T)$ aus der Literatur*

T °C	K_{PK}	Lit.
295	303	13
280	357	13
272	274	11
260	310/398	19/18
255	358/557	11/15
253,5	425	23
250	593	10
245	396	11
240	340/557	19/18
221,5	720	23
220	833	17

[1]) 15. Mitt. über Probleme der Polyamidchemie. 14. Mitt.: *Gohlke, U.*, und *Reinisch, G.* Faserforsch. u. Textiltechnik **23** (1972) S. 421–424.

[2]) Auszugsweise vorgetragen auf dem III. Int. Mikrosymposium Polykondensationsprozesse, Kiew/UdSSR 27. 9. bis 2. 10. 1971 (vgl. *Reinisch, G.*, und *Gohlke, U.*: Vysokomol. Soed. (Hochmol. Verbind.) A **15** (1973) 2, S. 372–379) und auf der VI. Konferenz über „Faserbildende Polymere und ihre Verarbeitung", Novy Smokovec/ČSSR 10.–12. 5. 1972 (vgl. *Gohlke, U.*, und *Reinisch, G.*: Chem. Vlakna, Svit **22** (1972) S. 109–113.

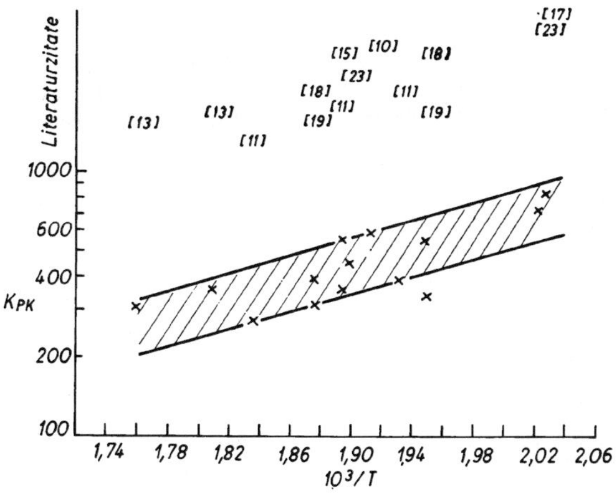

Bild 1. Experimentell belegte Konstanten des Polykondensationsgleichgewichtes
(Literaturwerte für ca. 10 mmol Wasser/mol Caprolactam mit Zitatnummern)

10 bis 100 mmol/mol in älteren Arbeiten [9, 11] verneint, in neueren Publikationen [15, 18, 19, 21] jedoch diskutiert wird.

2. *Arbeitsmethodik*

2.1. *Polymerisation/Polykondensation bis zum Gleichgewicht*

Für Temperaturen bis 270 °C benutzten wir die früher bereits beschriebene [22] Apparatur, mit der die Glasampullen mit dem Reaktionsgemisch an einer rotierenden Scheibe um ihre Querachse in einem Siliconölbad bewegt werden. Für höhere Temperaturen wurde eine Apparatur verwendet, mit der der Ampulleninhalt durch eine Pendelbewegung (bis 45°; 10 Hübe/min) in einem Salzbad durchmischt wird (vgl. Bild 2). Die Temperatur wurde in beiden Heizmedien mit einem geeichten Widerstandsthermometer gemessen. Die Standardabweichung der Temperatureinstellung betrug über den gesamten untersuchten Temperaturbereich 0,25 °C.

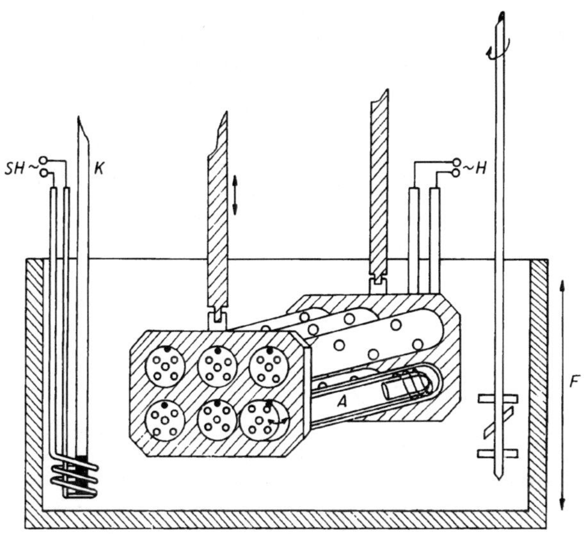

Bild 2. Laborpolymerisationsapparatur für Gleichgewichtsuntersuchungen bei Temperaturen über 270 °C
A = Reaktionsampulle mit Glasverdrängerkörper
F = Füllhöhe der Salzschmelze
K = Kontaktthermometer
H = Grundheizung, SH = Spitzenheizung

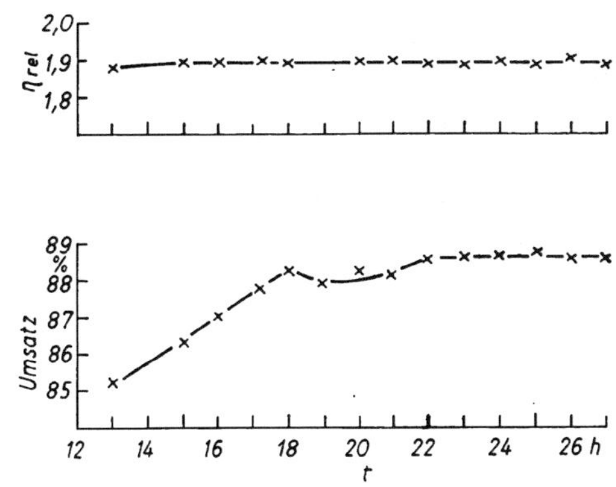

Bild 3. Relative Lösungsviskositäten und Caprolactamumsätze für die Gleichgewichtseinstellung bei 270 °C mit 10 mmol ε-Aminocapronsäure/mol Caprolactam

Die Polymerisation des wasserfreien Caprolactams wurde mit analysenreiner ε-Aminocapronsäure ausgelöst. Der Anfangswassergehalt W_0 ist damit durch die Gesamtkonzentration an eingebrachter ε-Aminocapronsäure gegeben. Die Vorbereitung der Reaktionsmischung für die Polymerisation/Polykondensation in Glasampullen nahmen wir in der früher bereits beschriebenen Weise [22] vor, wobei zur Verringerung der Dampfphase über der Reaktionsschmelze ein Glasverdrängerkörper [23] in die Ampullen eingeführt wurde. Das Schmelze/Dampfraum-Verhältnis betrug dann ca. 2 : 1. Da die Ampullen sowohl im Siliconölwie auch im Salzbad vollständig von den Heizmedien umhüllt werden, erfolgt die Gleichgewichtseinstellung in einem quasigeschlossenen [24] System.

Die Zeiträume für die Einstellung des Polykondensationsgleichgewichts in Abhängigkeit von Initiatorkonzentration und Temperatur wurden durch Polymerisation/Polykondensation entsprechender Proben mit stündlicher Probenahme und Ermittlung der rel. Lösungsviskosität (0,5 g Polymeres/dl 95,6%ige H_2SO_4 bei 20 °C, *Ubbelohde*-Viskosimeter, Kapillare 2) sowie durch Ermittlung des Polymeranteils (Heißwasserextraktion) bestimmt. Bild 3 zeigt den Verlauf dieser beiden Kenngrößen über der Zeit für die Initiatorkonzentration von 10 mmol ε-Aminocapronsäure/mol Caprolactam bei 270 °C.

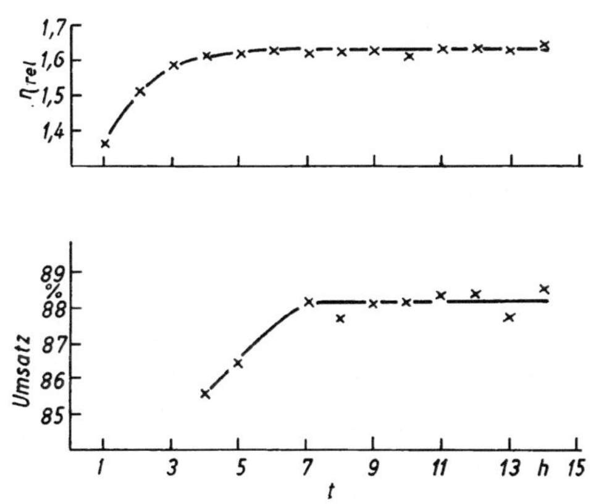

Bild 4. Relative Lösungsviskositäten und Caprolactamumsätze für die Gleichgewichtseinstellung bei 270 °C mit 30 mmol ε-Aminocapronsäure/mol Caprolactam

Tabelle 3. Einstellzeiten (τ) des Polykondensationsgleichgewichts in Abhängigkeit von Temperatur (t) und ε-Aminocapronsäuregehalt (W_0)

W_0 mmol/mol	t °C	τ h
10	230	72
	240	55
	254	36
	270	22
	280	14
	290	9
20	230	43
	254	21
	270	14
	290	8
30	230	30
	254	14
	270	9
	290	5
60	254	8
120	254	5
240	254	4
480	254	2

Das bereits von *Reimschuessel* [12] beschriebene Minimum der Polymerkonzentration kurz vor Erreichen des Polymerisationsgleichgewichts trat auch bei unseren Gleichgewichtspolykondensationen auf. Für die Ansätze mit ähnlich niedriger Initiatorkonzentration setzten wir daher die Polykondensation über dieses Minimum hinaus fort. Bei Ansätzen mit höheren Initiatorkonzentrationen (vgl. Bild 4) traten derartige Störungen im Ring-Ketten-Gleichgewicht nicht auf.

Die aus diesen systematischen Voruntersuchungen abgeleiteten Einstellzeiten für das Polykondensationsgleichgewicht in Abhängigkeit von Initiatorkonzentration und Reaktionstemperatur sind in Tabelle 3 zusammengefaßt.

Benutzt man die Werte dieser Tabelle zu einer Auftragung

$$\lg \tau = f(1/T),$$

so ergibt sich eine Gerade. Zwischen- und Extrapolationswerte für die Gleichgewichts-Einstellzeiten in Abhängigkeit von Anfangswasserkonzentration und Temperatur lassen sich also noch zusätzlich aus unseren Daten ableiten.

2.2. Probenzerkleinerung, Trocknung und Wasserbestimmung

Die Zerkleinerung der Proben erfolgt nach Zertrümmern der Glasampullen zunächst manuell, nachdem die Proben mit flüssigem N_2 versprödet worden waren. Vor der anschließenden Feinzerkleinerung (bis zu Korngrößen von maximal 1,5 mm Durchmesser) wurde das Material mit flüssigem N_2 unterkühlt. Zur Zerkleinerung wurde dann eine Schlagmühle mit kühlbarer Edelstahlmahlkammer der Firma Jahnke und Kunkel (Stauffen, BRD) verwendet. Anschließend wurde das Mahlgut 20 h bei Raumtemperatur und 1 bis 5 Torr über ZEOSORB 5 IM getrocknet.

Die für die Bestimmung von K_{PK} verwendeten Proben wurden direkt vor der Einwaage zur Extraktion manometrisch auf ihren Wassergehalt analysiert. Dieser Wasserwert dient zur Einwaagekorrektur der zur Extraktion eingesetzten Polymermasse.

Der Fehler der Wasserbestimmung beträgt ca. ±0,005% [25] und ist gegenüber den Fehlern der Extraktion und Viskosimetrie praktisch zu vernachlässigen.

2.3. Extraktion und Trocknung

Die Bestimmung der niedermolekularen Anteile von Polycaprolactam erfolgte durch 16 h Heißwasserdurchflußextraktion [26]. Pulvrige Proben wurden danach über G4-Fritten abgesaugt.

Die Trocknung wurde zunächst 2 h im Umlufttrockenschrank bei 100 °C, anschließend bis zur Massekonstanz (± 0,5 mg) im Vakuumtrockenschrank bei 100 °C vorgenommen. Aus dem durch die Zerkleinerung vermischten Probenmaterial von sechs Einzelproben (gleiche Reaktionsbedingungen) wurden je zehn Extraktionseinwaagen entnommen. Fünf der anhand von zehn Einzelmessungen bestimmten Variationskoeffizienten, die für Extraktgehalte zwischen 87 und 90% gelten, wurden gemittelt. Der Variationskoeffizient beträgt dann $v = 0{,}30\%$ und ist damit erwartungsgemäß größer als der eigentliche Extraktionsfehler [26], da hier die Polymerisationsunsicherheit mit eingeht.

2.4. Endgruppen- und Polymerisationsgrad-Bestimmung

Die Carboxylendgruppen wurden mit $n/50$ benzylalkoholischer KOH in Benzylalkohol mit Propanolzusatz gegen Kresolrot als Indikator [27], die Aminoendgruppen in Phenol (3)/Methanol (1) (m/m) mit $n/50$ methanolischer HCl konduktometrisch [28] titriert.

Um bei der Bestimmung des Polymerisationsgrades ($\bar{P}_n$) unabhängig von Nebenreaktionen an den Endgruppen zu sein, wurde $\bar{P}_n$ aus lösungsviskosimetrischen Messungen ermittelt. Für die Bestimmung von $[\eta]$ verwendeten wir die Einpunktformel nach *Matthes* [29] und die Beziehung Viskosität zu rel. Molekülmasse von *Reinisch* [30]

$$[\eta] = 5{,}12 \cdot 10^{-2} \cdot \overline{\mathrm{Mn}}^{0{,}79}.$$

Die $[\eta]$-$\bar{M}_n$-Beziehung geht auf Endgruppentitrationen an reglerfreien Polycaprolactamproben zurück, die bei 230 °C in einem Labor-Rührautoklaven (Rührerdrehzahl 32 min^{-1}; Strömungsgeschwindigkeit des Reinstickstoffs 2 l/h) hergestellt worden waren.

2.5. Gesamt-Fehlerabschätzung

In Tabelle 4 sind die jeweiligen Fehlergrenzen der einzelnen Verfahrensschritte zusammengestellt.

Nach den Gesetzen der Fehlerfortpflanzung ergibt sich als Variationskoeffizient der Gleichgewichtskonstanten K_{PK} bei Bestimmung über die Viskosimetrie $v = 2{,}8\%$.

2.2. Acetylierung der Amino-Endgruppen von Polycaprolactam in Lösung [31]

200 mg Polycaprolactam (ca. 0,4 bis 2,0 · 10^{-4} μÄqu. NH_2-Gruppen/g) werden in 20 ml absolutem Phenol mit 0,1 ml N-Acetylcaprolactam (6,5 · 10^{-4} mol) versetzt und im Ölbad auf 100°C erwärmt. Die Reaktionszeit beträgt 1 h. Während der gesamten Versuchsdauer ist das Reaktionsgefäß (zweckmäßigerweise ein für die anschließende Titration geeignetes Gefäß) mit Reinstickstoff zu spülen. Nach Ablauf der

Tabelle 4. Fehler der Methodenkombination

Verfahrensweise	Meßgröße	Variationskoeffizient %
Einwaageunsicherheit bei der Initiatoreinwaage	43 mg	0,7
Caprolactamumsatz	87···90%	0,3
Viskosimetrie	1,7···2,1	0,4
η_{rel}-$\bar{M}_n$-Beziehung		1,5
[—COOH] Titration	30···35 μÄqu/g	1,7
$[—NH_2]$	30···35 μÄqu/g	1,6

Acylierung werden zu der noch nicht erstarrten Polymerlösung in Phenol 6 ml Methanol gegeben und die Lösung nach vollständigem Abkühlen unter N_2 mit $n/50$ methanolischer HCl in der für $[NH_2]$-Bestimmungen üblichen Verfahrensweise konduktometrisch titriert.

3. Ergebnisse und Diskussion

3.1. Nebenreaktionen und Gleichgewichtskonstante

Die von uns aus Experimentalwerten nach dem Massenwirkungsgesetz

$$K_{PK} = \frac{[-\text{NHCO}-] \cdot [\text{H}_2\text{O}]}{[-\text{COOH}] \cdot [-\text{NH}_2]}$$

unter Verwendung einiger gebräuchlicher Umstellungen [10, 32]

$$K_{PK} = (\overline{P}_n - 1) \cdot E \cdot w = \frac{(\overline{P}_n - 1) \cdot \overline{P}_n \cdot w}{U};$$

E = Endgruppenkonzentration,
U = Caprolactamumsatz,
w = Gleichgewichtswassergehalt, errechnet aus dem Anfangswassergehalt und E,
$w = W_0 - E$

bestimmten Gleichgewichtskonstanten zeigten bei der *Van't Hoff*-Auftragung nicht den erwarteten Verlauf. Wir fanden eine gebrochene Gerade mit steilerem Anstieg oberhalb von 254 °C (Bild 5). Für $T < 254$ °C ergibt sich die Reaktionsenthalpie der Polykondensation zu −6,1 kcal/mol. Dieser Wert stimmt gut mit Literaturangaben [9, 11, 16, 21] überein. Der steilere Anstieg bei $T > 254$ °C tritt parallel zu Nebenreaktionen an den Kettenendgruppen auf, deren Ausmaß oberhalb 254 °C deutlich zunimmt.

Nebenreaktionen an Kettenendgruppen geben sich als Abweichungen von der Äquivalenz der Endgruppenarten, die für ein reglerfreies Polycaprolactam zu erwarten ist, zu erkennen (vgl. Tabelle 5).

Amino- und Carboxylendgruppenkonzentrationen unserer Gleichgewichtspolykondensate differieren besonders bei höheren Temperaturen. Wie Tabelle 5 zeigt, unterscheiden sich die Werte der Amino-, aber auch die der Carboxylgruppenkonzentrationen außerdem noch von den Werten der aus $[\eta]$ berechneten „theoretischen" Endgruppenkonzentrationen ($E\eta_{rel}$). Der Vergleich zu den Konzentrationen basischer Endgruppen läßt erkennen, daß hier offensichtlich keine Desaminierungen eingetreten sind. Desaminierungen wurden bisher auch nur in offenen Reaktionssystemen mit intensiver

Tabelle 5. Abweichungen der Endgruppenäquivalenz im Polykondensationsgleichgewicht bei Polycaprolactam

Temperatur °C	Reaktionszeit h	Endgruppenkonzentrationen µÄqu/g Polymeres		
		COOH	$[E\eta_{rel}]$	$[E_{bas.}]$
229,0	72	30,2	29,8	34,1
239,0	55	31,5	31,5	34,9
253,6	36	33,5	33,6	44,4
269,4	22	34,5	39,5	44,8
278,2	14	38,0	42,3	52,1
291,0	13	38,0	47,3	62,8

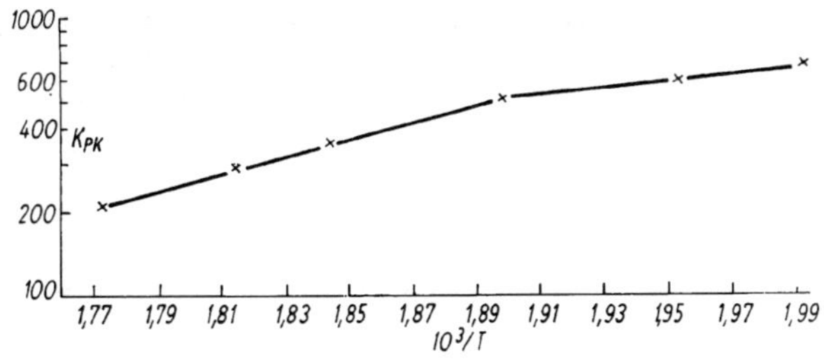

Bild 5. *van't Hoff*-Auftragung von Gleichgewichtskonstanten (Nebenreaktionen unberücksichtigt; $W_0 = 10$ mmol ε-Aminocapronsäure/mol Caprolactam)

Durchmischung und strömendem Schutzgas beobachtet [30, 38]. Daher ist also zu erwarten, daß die Konzentration der basischen Kettenendgruppen die Zahl der Ketten in unserem Polymeren korrekt beschreibt. Die Differenzen zwischen der Konzentration der basischen und der Carboxylendgruppen erklären wir durch anomale Acylierungen an der CO-vicinalen CH_2-Gruppe entlang der Kette (Carboxylendgruppen-Dehydratationsanomalie [30]):

$$\sim\text{NH–CH}_2\text{–CH}_2\text{–CH}_2\text{–CH}_2\text{–}\underset{\underset{\displaystyle \overset{\|}{\text{O}}}{\displaystyle \text{C–(CH}_2)_5\text{–NH–}\sim}}{\overset{}{\text{CH}}}\text{–CO–NH–}\sim$$

Bei C-terminaler Acylierung dieses Typs kann es über die bei $T > 200$ °C instabile β-Ketosäure zu Decarboxylierungen kommen. Solche Decarboxylierungen sind bekannt. Sie treten bei der Polykondensation von Caprolactam im offenen System schon bei 265 °C auf [30]. Bei den Acylierungen entsteht in äquivalenter Menge zum Nebenprodukt Wasser.

Die Differenz zwischen den über die Viskosimetrie ermittelten und den basischen Endgruppenkonzentrationen könnte auf Verzweigungen zurückgehen. Wenn derartige Verzweigungen in größerem Ausmaß vorliegen, sollte die Löslichkeit der Polymerproben beeinträchtigt sein. Unsere Proben waren jedoch in den üblichen Polyamidlösungsmitteln (Benzylalkohol bei 150 °C, Phenol/Methanol, 95,6%ige Schwefelsäure) ohne Gelbildung löslich. Einer Literaturauswertung von *Berger* [33] ist zu entnehmen, daß ein Indiz für Verzweigungen mitunter in erhöhten *Huggins*-Konstanten zu sehen sein kann. Für unsere Proben ermittelten wir aber auch *Huggins*-Konstanten (vgl. Tabelle 6), die für unverzweigtes Polymeres charakteristisch sind [34].

Als Ursache der Differenzen zwischen $[E\eta_{rel}]$ und $[E]_{bas.}$ kommt eine leichte Verbreiterung der Molmassenverteilung in Betracht. Diese Verschiebung der Uneinheitlichkeit zu Werten > 2 kann durch irreversible Strukturänderungen an den Aminoendgruppen z. B. durch Cycloamidinbildung [35] eintreten. Um diese Vermutung zu überprüfen, untersuchten wir die

Tabelle 6. Huggins-Konstanten für Polymere mit unterschiedlichem $\overline{P}_n$

Temp. °C	229	239	254	269	278	
K_H	0,270	0,245	0,262	0,249	0,243	$\bar{x} = 0,25$

Tabelle 7. Experimentell bestimmte Wasserkonzentrationen aus analytisch erfaßten Nebenreaktionen für $W_0 = 10, 20, 30$ mmol Aminocapronsäure/mol Caprolactam

Temp. °C	W_{Am}			W_{Ac}			W_N		
	10	20	30	10	20	30	10	20	30
230	1,45	1,24	1,56	0,44	0,24	0,26	1,89	1,48	1,82
240	1,54	1,46	1,80	0,36	0,41	0,33	1,90	1,87	2,13
254	1,17	1,18	1,98	0,18	0,80	0,33	1,35	1,98	2,31
270	1,69	1,60	1,71	1,14	1,05	0,74	2,83	2,65	2,45
280	2,16			1,55			3,71		
290	2,35	2,14	2,73	2,26	1,49	1,24	4,61	3,63	3,97

W_{Am} aus Amidinkonz. berechnete Zusatz-Wassermenge W_{Ac} aus $[NH_2]-[COOH]$ berechnete Zusatz-Wassermenge
W_N Gesamtmenge an Wasser aus Nebenreaktionen

Acylierbarkeit der Polymerproben mit Acetylcaprolactam. Bei der Acylierung in Phenol bei 100 °C wurden Aminoendgruppen quantitativ, Azacyclohepten-1-yl-2-aminogruppen jedoch nicht acyliert [31]. Unsere Versuchsergebnisse zeigen, daß ein Teil der acidimetrisch bestimmbaren Endgruppen Amidinstruktur besitzt.

Nebenreaktionen dieser Art wurden von *Schlack* [36] und von *Csürös* [37] nachgewiesen. Iminoäther oder *Schiff*sche Basen werden von *Reimschuessel* und *Dege* [38] als Nebenreaktionsprodukte diskutiert. Für ihre Bildung steht der analytische Nachweis noch aus, die Entstehung solcher Strukturen müßte jedoch in jedem Fall als Kondensation unter Wasserabspaltung verlaufen.

Sowohl durch Nebenreaktionen am N- wie am C-terminalen Kettenende entsteht Wasser, das zusätzlich in das Polykondensationsgleichgewicht eingeht. In Tabelle 7 sind die durch Dehydratations-Anomalie und Amidinbildung entstandenen Wassermengen in Abhängigkeit von der Temperatur und der Anfangswasserkonzentration wiedergegeben.

Bei Temperaturen > 254 °C nimmt der Anteil des in Nebenreaktionen entstandenen Wassers also rasch zu. Die Gesamtmenge des Wassers aus Nebenreaktionen, die wir analytisch erfassen konnten (W_N), beträgt für 10 mmol W_0 in diesem Temperaturbereich zwischen 28 und 46%, bezogen auf den Anfangswassergehalt. Dieses Wasser führt über Hydrolysereaktionen zu höheren Endgruppenkonzentrationen.

Nach $w = W_0 - E$ errechnete Gleichgewichtswassergehalte besitzen besonders bei Temperaturen > 254 °C zu niedrige Werte und täuschen zu niedrige Gleichgewichtskonstanten vor, da W_N dabei nicht berücksichtigt wurde.

Der Ablauf der Nebenreaktionen am basischen Kettenende wird durch die Anfangswasserkonzentration im System nicht beeinflußt. In dem untersuchten Bereich zwischen 10 und 240 mmol Aminocapronsäure/mol Caprolactam fanden wir eine Proportionalität der Zunahme nicht acylierbarer Anteile mit der Endgruppenkonzentration. Tabelle 8 läßt erkennen, daß der Anteil dieser Amidinstrukturen unabhängig von der Anfangswasserkonzentration ca. 25% beträgt. Demgegenüber geht der Anteil der durch Carboxylendgruppendehydratationsanomalie entstandenen Acylierungsprodukte mit steigender Wasserkonzentration im System zurück. Bereits bei 30 mmol Aminocapronsäure/mol Caprolactam verringern sich die Differenzen zwischen basischen und Carboxylendgruppen bis zur Fehlergrenze der Bestimmungsmethode.

Tabelle 8. Amidinkonzentration in Abhängigkeit von der Anfangswasserkonzentration bei 254 °C

W_0 in mmol/mol	10	20	30	60	120	240
Amidingruppen (Am) mmol/mol	1,17	1,18	1,98	3,05	3,05	5,43
bas. Endgruppen mmol/mol	5,02	6,69	7,67	10,47	15,16	20,52
$\frac{100 \cdot Am}{[E_{bas.}]}$ %	23,2	17,6	25,8	29,1	20,4	26,5

3.2. *Wassergehalt und Gleichgewichtskonstante*

In der neueren Literatur wird eine Abhängigkeit der Gleichgewichtskonstanten von der Anfangswasserkonzentration beschrieben [15, 18, 19, 21]. In eigenen Messungen bei 254 °C und mit 10 bis 480 mmol Aminocapronsäure/mol Caprolactam fanden wir eine lineare Abhängigkeit zwischen K_{PK} und lg W_0 (vgl. Bild 6).

Bei der Bestimmung von Gleichgewichtskonstanten für $W_0 < 30$ mmol empfiehlt sich die Ermittlung des $\bar{P}_n$ wegen der niedrigen Absolutendgruppenkonzentration über die Intrinsic-Viskositäten. Bei höheren Anfangswassergehalten ist es richtiger, $\bar{P}_n$ und K_{PK}

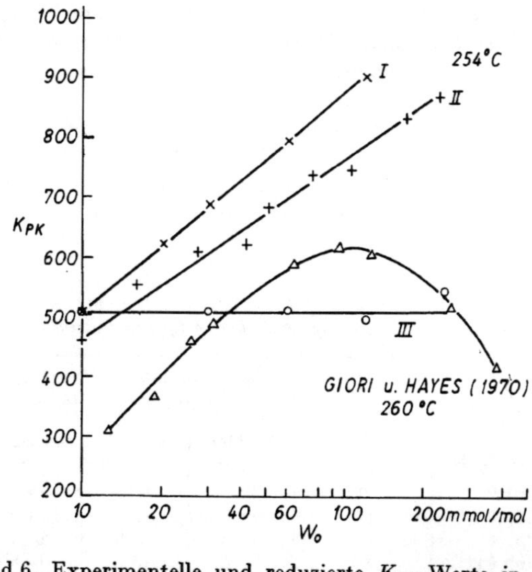

Bild 6. Experimentelle und reduzierte K_{PK}-Werte in Abhängigkeit von dem Wassergehalt (Dampfraumvolumina: I = 30 Vol-%; II = 15 Vol-%; III = 0 Vol-%)

aus titrimetrisch bestimmten Endgruppenkonzentrationen, den wirklichen Reaktionspartnern, im Gleichgewicht zu ermitteln. Zu diesem Zweck muß von dem Wert der basischen Endgruppen der Anteil der nicht acylierbaren basischen Gruppen subtrahiert werden. Auch bei $W_0 < 30$ mmol/mol Caprolactam stimmen die auf diese Weise titrimetrisch bestimmten mit den viskosimetrisch ermittelten Werten gut überein.

Die von uns in Ampullen (mit 33 Vol.-% Dampfraum) und in Dilatometern (15 Vol.-% Dampfraum) bei sonst gleicher Experimentalmethodik erhaltenen unterschiedlichen Gleichgewichtskonstanten erklären sich aus den unterschiedlichen Dampfraumvolumina der Reaktionssysteme. Da in Dilatometern nur ca. die Hälfte des Dampfraumes zur Verteilung des Wassers zwischen Schmelze und Gasphase zur Verfügung steht, ist der effektive Gleichgewichtswassergehalt in diesen Systemen größer, demzufolge die Endgruppenkonzentration höher und $\overline{P}_n$ und auch K_{PK} niedriger als in Reaktionssystemen mit ca. 33 Vol.-% Dampfraum (Ampulle).

Anhand unserer Experimentalwerte für Reaktionssysteme mit 33 und 15 Vol.-% Dampfraum haben wir die $\overline{P}_n$-Werte und die Gleichgewichtswassergehalte für Reaktionssysteme ohne Dampfraum (D_0) durch Extrapolation ermittelt und die Gleichgewichtskonstanten $K_{PK}(D_0)$ errechnet (vgl. Tabelle 9).

Die Extrapolationen gehen auf titrimetrisch bestimmte Endgruppenkonzentrationen zurück, der Wassergehalt aus Nebenreaktionen (vgl. Tabelle 7) wurde berücksichtigt.

Es zeigte sich, daß die Abhängigkeit der K_{PK}-Werte von W_0 zumindest in dem Bereich $10 \leqq W_0 \leqq 240$ mmol Wasser/mol Caprolactam an die Existenz eines Dampfraumes gebunden ist und bei Extrapolation auf Systeme ohne Dampfraum nahezu verschwindet.

Bei der Extrapolation wurde die Anwendbarkeit des *Henry*schen Gesetzes für unsere Reaktionssysteme vorausgesetzt. Untersuchungen von *Fukumoto* [11] und von *Wiloth* [39] haben gezeigt, daß dieses Gesetz zur Beschreibung der Wasserdampf-Verteilung zwischen Polycaprolactamschmelze und Dampfphase geeignet ist. *Wiloth* [39] konnte darüber hinaus zeigen, daß in dem fraglichen Temperaturbereich Proportionalität zwischen Dampfdruck und Dampfdichte herrscht. Damit besteht eine lineare Beziehung zwischen dem Wassergehalt der Schmelze und der Wasserkonzentration im Dampfraum in Abhängigkeit von der Dampfraumgröße, die Extrapolationen ermöglicht. *Giori* und *Hayes* [20] diskutierten andererseits die Verteilung des Wassers zwischen Polymerschmelze und Dampfphase im Polykondensationsgleichgewicht, die sie durch Dampfdruckmessungen verfolgten, unter Anwendung

Tabelle 9. Gleichgewichtsparameter für Reaktionssysteme *ohne Dampfraum bei* 254 °C

W_0	W	$\overline{P}_n$	$K_{PK}(D_0)$
mmol/mol			
10	8,07	238,5	514
30	25,70	134,5	519
60	53,60	94,0	527
120	109,30	64,0	500
240	227,15	48,0	584

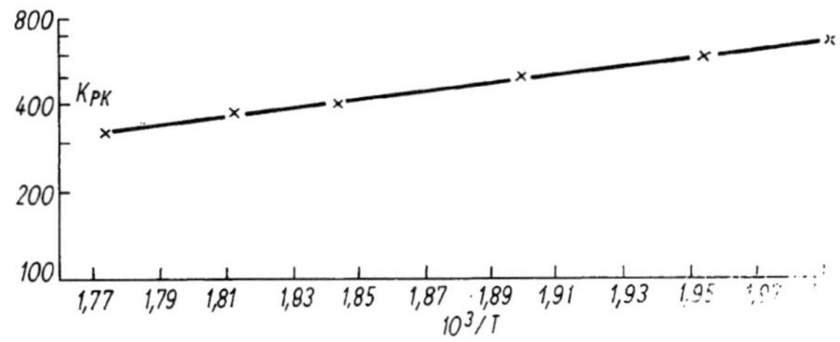

Bild 7. Temperaturabhängigkeit der K_{PK}-Werte

des *Raoult*schen Gesetzes. Dabei erhielten sie für Gleichgewichtswassergehalte über 126 mmol Wasser/mol Caprolactam bei 270 °C Gleichgewichtskonstanten zwischen 140 und 200. Nach unseren Erfahrungen haben diese Gleichgewichtskonstanten zu niedrige Werte. Das wird auch durch Ergebnisse aus Untersuchungen zur Nachpolykondensation bekräftigt [40].

In unserem quasigeschlossenen Reaktionssystem gibt es abhängig von der Dampfraumgröße für jedes W_0-K_{PK}-Wertepaar einen bestimmten Punkt, an dem durch Nebenreaktionen geradesoviel Wasser zusätzlich entsteht, wie durch das Wasserverteilungsgleichgewicht aus der Reaktionsschmelze entfernt wird. An diesem Punkt entsprechen die Gleichgewichtsverhältnisse in der Polymerenschmelze den Verhältnissen in einem Reaktionssystem ohne Dampfraum. In Ampullen mit 33 Vol-% Dampfraum ergibt sich dieser Zustand, wie wir experimentell feststellten, bei 254 °C und einer Anfangswasserkonzentration von 10 mmol Aminocapronsäure/mol Caprolactam (vgl. Bild 6).

Für diese Anfangswasserkonzentration von 10 mmol Aminocapronsäure/mol Caprolactam ergibt sich weiterhin eine Gerade bei Auftragung nach *van't Hoff*, wenn der Wassergehalt aus Nebenreaktionen bei $T > 254$ °C berücksichtigt wird (vgl. Bild 7). Aus deren Anstieg errechnet sich die Reaktionsenthalpie zu —6,8 kcal/mol. Dieser Wert stimmt mit Literaturangaben von —6,1 bis —6,8 kcal [9, 11, 16, 21] gut überein. Da der K_{PK}-Wert für 254 °C (510) nach den voranstehenden Erörterungen als sicherer Wert gelten kann und der Anstieg der Geraden durch die Reaktionsenthalpie gesichert ist, können die übrigen bei Polykondensationen mit 10 mmol Aminocapronsäure/mol Caprolactam ermittelten K_{PK}-Werte im Bereich $230 \leqq T \leqq 290$ °C, die in Tabelle 10 mitgeteilt werden, als zuverlässig angesehen werden.

Die in Tabelle 10 genannten K_{PK}-Werte sind reine Konstanten der Polykondensationsreaktion, die weder durch Nebenreaktionen noch durch physikalisch bedingtes Wasserverteilungsgleichgewicht verfälscht sind.

Wir danken Frl. *A. Pinnow*, Frau *M. Jaeger* und Frau *M. Beduhn* für die Sorgfalt bei der Durchführung der Versuche.

Dem VEB Chemiefaserkombinat Schwarza „Wilhelm Pieck" Rudolstadt danken wir für die materielle Förderung der Arbeiten.

Tabelle 10. Gleichgewichtskonstanten der Polykondensationsreaktion bei Polycaprolactam

T °C	229	239	254	269	278	291
K_{PK}	678	596	510	400	381	323

Literatur

[1] *Hoftyzer, P. J., Hoogschagen, J.,* und *van Krevelen, D. W.:* Optimierung der Caprolactam-Polymerisation. Drittes Europ. Symp. Chem. React. Engineering: Pergamon Press Ltd. 1964, S. 1—7.

[2] *Schroth, R.,* und *Beyer, P.:* Über die Nachpolymerisation von Polyamidschmelzen. 1. Teil: Ursachen der Nachpolymerisation und ihre Bedeutung für die Herstellung von Polyamidseiden. Faserforsch. u. Textiltechnik **16** (1965) S. 438—443.

[3] *Schroth, R.,* und *Beyer, P.:* Über die Nachpolymerisation von Polyamidschmelzen. 2. Teil: Der Einfluß von Polymerisations- und Spinnbedingungen. Faserforsch. u. Textiltechnik **16** (1965) S. 552—557.

[4] *van der Molen, Th. J.:* The hydrolytic polymerization of caprolactam on a semi-technical scale. IUPAC International Symposium on Macromolecular Chemistry. Budapest 1969, Preprint 1/03, S. 9—14.

[5] *Griščenko, A. Z., Sachnenko, O. V.,* und *Dan'sina, G. J:.* Mathematische Untersuchung des Einflusses der Temperatur auf die Polymerisation von Caprolactam. Chim. Volokna (Chem. Fasern) (1968) 6, S. 12—14; dt. in: Sowj. Beitr. Faserforsch. Textiltechnik **6** (1969) 3, S. 113—115.

[6] *Griščenko, A. Z.,* und *Sachnenko, O. V.:* Optimale Steuerung der Polymerisation von Caprolactam. Faserforsch. u. Textiltechnik **22** (1971) S. 362—370.

[7] *Nagasubramanian, K.,* und *Reimschuessel, H. K.:* Caprolactampolymerisation. Polymerisation in Backmix Flow Systems. J. appl. Polymer Sci. **16** (1972) S. 929—934.

[8] *Tobolsky, A. V.,* und *Eisenberg, A.:* Equilibrium polymerization of ε-caprolactam. J. amer. chem. Soc. **81** (1959) S. 2302—2359.

[9] *van Velden, P. F., van der Want, G. M., Heikens, D., Kruissink, Ch. A., Hermans, P. H.,* und *Staverman, A. J.:* Equilibria in polyamide systems from ε-caprolactam and water. Rec. trav. chim. Pays-Bas **74** (1955) S. 1376—1394.

[10] *Wiloth, F.:* Über den Mechanismus und die Kinetik der ε-Caprolactampolymerisation in Gegenwart von Wasser. 4. Mitt.: Das Gleichgewicht des Systems ε-Caprolactam/Poly-ε-caprolactam/Wasser bei 220°C. Z. physik. Chemie, Neue Folge, Frankfurt/M. **5** (1955) S. 66—89.

[11] *Fukumoto, O.:* Equilibria between polycaproamide and water. J. Polymer Sci. **22** (1956) S. 263—270.

[12] *Reimschuessel, H. K.:* Caprolactam polymerization. J. Polymer Sci. **41** (1959) S. 457—466.

[13] *Jansen, J. L. A.:* A comparative study of some polyamides. Dissertation Delft 1967.

[14] *Griščenko, A. Z., Sachnenko, O. V.,* und *Dan'sina, G. I.:* Untersuchung statischer Prozesse bei der Caprolactampolymerisation. Chim. Prom. Ukraine **3** (1968) S. 38—40.

[15] *Reimschuessel, H. K.,* und *Dege, G. J.:* On the condensation equilibrium in polymerization of caprolactam. J. Polymer Sci., A-1: Polymer Chem. **9** (1971) S. 2343 bis 2359.

[16] *Schwartz, E.* in *Vieweg-Müller:* Kunststoff-Handbuch Bd. VI, Polyamide, Carl Hanser Verlag, München 1966, S. 35ff.

[17] *Wiloth, F.:* Über den Mechanismus und die Kinetik der ε-Caprolactam-Polymerisation in Gegenwart von Wasser. 10. Mitt.: Vergleich experimenteller Daten mit den Integrationsergebnissen eines vollständigen reaktionskinetischen Differentialgleichungssystems. Z. physik. Chemie N. F. Frankfurt/Main **11** (1957) S. 78—102.

[18] *Wiloth, F.:* Über den Mechanismus und die Kinetik der ε-Caprolactam-Polymerisation in Gegenwart von Wasser. 15. Mitt. Anmerkung zu neueren Meßwerten über die Gleichgewichtskonstante der Polykondensation. Makromol. Chemie **144** (1971) S. 329—332.

[19] *Giori, C.,* und *Hayes, B. T.:* Hydrolytic polymerization of caprolactam. I. Hydrolysis-polycondensation kinetics. J. Polymer Sci., A 1: Polymer Chem. **8** (1970) S. 335—349.

[20] *Giori, C.,* und *Hayes, B. T.:* Hydrolytic polymerization of caprolactam. II. Vapor-liquid equilibria. J. Polymer. Sci. A 1: Polymer Chem. 8 (1970) S. 351—358.

[21] *Reimschuessel, H. K.:* Chapter 7 in: *K. C. Frisch* und *S. L. Reegen,* Kinetics and mechanism of polymerization. Vol. 2. Ring opening polymerization. New York and London: Marcel Decker 1969, S. 303—326.

[22] *Reinisch, G.,* und *Gohlke, U.:* Zur analytischen Laborpolymerisation von Caprolactam. Faserforsch. u. Textiltechnik **20** (1969) S. 463—466.

[23] *Hermans, P. H., Heikens, D.,* und *van Velden, P. F.:* On the mechanism of polymerization of ε-caprolactam. II. The polymerization in the presence of water. J. Polymer Sci. **30** (1958) S. 81—104.

[24] *Becker, K.,* und *Sauerwald, F.:* Der Einfluß von Rührvorgängen sowie heterogener Strukturgestaltung bei der Polykondensation von Polyamiden. Faserforsch. u. Textiltechnik **16** (1955) S. 488—494.

[25] *Dietrich, K.:* Zur manometrischen Wasserbestimmung in Polyamidschmelzen. Faserforsch. u. Textiltechnik **20** (1969) S. 198—199.

[26] *Reinisch, G.,* und *Dietrich, K.:* Über die Aussagesicherheit verschiedener Methoden zur Bestimmung der niedermolekularen Anteile von Polycaprolactam. 3. Mitt. über „Analytik von Polycaprolactam". Faserforsch. u. Textiltechnik **19** (1968) S. 149—154.

[27] *Turska, E.,* und *Wolfram, L.:* Modifikation der Endgruppenbestimmungsmethoden bei Polyamiden. Zesz. nauk. Politechn. Łódźkej (Wiss. H. Techn. Hochsch. Łódz) Chemia (Chemie) **22** (1958) S. 79—82.

[28] *van der Want, G. M.,* und *Kruissink, Ch.:* A nonhydrolytic polymerization of ε-caprolactam. The polymerization initiated by hydrogen chloride. J. Polymer Sci. **35** (1959) S. 119—138.

[29] *Matthes, A.:* Grundlagen einer viskosimetrischen Polymerisationsgradbestimmung und gestaltliche Verhältnisse der Polyamide in Lösung. J. prakt. Chemie **162** (1943) S. 245—278.

[30] *Reinisch, G.:* Reaktionsanalytik von Polycaprolactamsynthesen. Habilitationsschrift, Martin-Luther-Universität Halle—Wittenberg 1970.

[31] *Doubravszky, S.:* private Mitteilung.

[32] *Challa, G.:* Water in polymers. II. Plastica, Delft **22** (1969) S. 250—253.

[33] *Berger, R.:* Beiträge zur Lösungsviskosität III. Über die Abhängigkeit der Hugginsschen Viskositätskonstanten K_H und analoger Konstanten von Molekulargewicht, Molekulargewichtsverteilung, Verzweigung und Schergefälle. Eine Literaturauswertung. Plaste u. Kautschuk **14** (1967) S. 11—14.

[34] *Rafler, G.,* und *Reinisch, G.:* Zur Ermittlung von $[\eta]$ für Polycaprolactame. Faserforsch. u. Textiltechnik **21** (1970) S. 412—415.

[35] *Schlack, P.:* Zur Polymerisation von ω-Aminocapronsäurelactamen. Abh. dt. Akad. Wiss. Berlin, Kl. Chemie, Geol., Biol. 1965, S. 9—17.

[36] *Schlack, P.,* und *Rieker, J.:* Möglichkeiten zum Nachweis semicyclischer Amidinendgruppen in Polycaprolactam durch Abspaltung des Amidinheterocyclus. Untersuchungen an niedermolekularen Modellamidinen und an peramidiniertem Polycaprolactam. Angew. makromol. Chemie, Basel **15** (1971) S. 203—217.

[37] *Csürös, Z., Rusznak, I., Bertalan, G.,* und *Körösi, J.:* Rolle der Amidinverbindungen bei der hydrolytischen Bildung von Poly-ε-Capronamid. Makromol. Chemie **137** (1970) S. 17—22.

[38] *Reimschuessel, H. K.,* und *Dege, G. J.:* Polyamides: Decarboxylation and desamination in Nylon 6 equilibrium polymer. J. Polymer Sci., A 1: Polymer. Chem. **8** (1970) S. 3265—3283.

[39] *Wiloth, F.,* und *Dietrich, W.:* Über den Mechanismus und die Kinetik der ε-Caprolactam-Polymerisation in Gegenwart von Wasser. 9. Mitt.: Wasserdampfdrücke über Gleichgewichtsschmelzen des Systems Poly-ε-Caprolactam—Wasser. Makromol. Chemie **21** (1956) S. 50—58.

[40] *Schwartz, E.,* in: *Vieweg-Müller,* Kunststoff-Handbuch, Bd. VI. Polyamide. München: Carl Hanser Verlag 1966, S. 38.

Eingegangen am 4. April 1973

Einfluß des Reckens auf die Eigenschaften von Polyester- und Copolyesterfäden

Teil I: Die Veränderung des Schrumpfens, der Reckkraft und Schrumpfkraft beim einstufigen Recken

Siegfried Hoffrichter

VEB Chemiefaserkombinat Schwarza „Wilhelm Pieck" Rudolstadt-Schwarza

DK 677.494.674'524'420:678.6—13:677.021.125.3:677.862.524:677.017.222

An Polyester- und Copolyesterfäden wird der Einfluß der Reckparameter auf das Schrumpfvermögen und die Schrumpfkraft experimentell untersucht. Es wird nachgewiesen, daß die Höhe von Schrumpfbetrag und -kraft von den einzelnen Reckparametern und von der Temperaturführung bei der einstufigen Reckung stark beeinflußt wurden. Zwischen der Reck- und Schrumpfkraft besteht für den Parameter Reckverhältnis ein funktioneller Zusammenhang.

Влияние процесса вытягивания на свойства волокон на основе полиэфира и сополиэфира
Часть I: Изменения усадки, вытяжного натяжения и натяжения при усадке в процессе одностадийной вытяжки

Экспериментально изучено влияние параметров вытягивания на способность полиэфирного и сополиэфирного волокон к усадке и возникающее при этом усилие. Показано значительное влияние отдельных параметров и температурного режима при одностадийном вытягивании на величины усадки и усилия. В случае степени вытягивания найдена функциональная зависимость между напряжением при вытягивании и усилием усадки.

Effect of Drawing on the Properties of Polyester and Copolyester Filaments
Part I: Change in Shrinking, Drawing Force and Shrinking Force in a One-stage Drawing Process

The effect of drawing on the shrinking ratio and shrinking force of polyester and copolyester filaments has been investigated. The amount and force of shrinking is shown to highly affected by individual drawing parameters and by the Temperature conditions in the one-stage drawing process. A relationship exists between drawing force and shrinking force with respect to the drawing ratio as a parameter.

1. Einleitung

Spinnfäden aus linearen, aromatischen Polyestern erhalten bekanntlich ihre endgültigen und hervorragenden Materialeigenschaften, wie hohe Reiß- und Scheuerfestigkeit, geringe Dehnung und gutes Erholungsvermögen erst durch den anschließenden Heißreckprozeß im Temperaturbereich von 130 bis 160 °C. Dabei werden die ersponnenen Fäden noch nachträglich auf das etwa 3- bis 4fache ihrer Ausgangslänge verzogen, wodurch der hochpolymere Faserstoff orientiert wird und eine teilkristalline Struktur erhält. Solche Fäden der Standardtypen weisen nach dem Recken einen Kochschrumpf von 7 bis 9% auf. Auch die Hersteller von Polyesterfäden sind bestrebt, das Sortiment der zahlreichen Standardtypen durch Spezialtypen zu erweitern, um insbesondere neue Einsatzgebiete zu erschließen. So sind durch chemische und physikalische Modifikation der Rohstoffe bzw. des fertigen Faserstoffes bereits eine Reihe von speziellen Polyestertypen auf dem Markt erschienen, wie profilierte und hohlprofilierte, leichter bzw. speziell anfärbbare, kochfeste, selbstkräuselnde und seidenartige Typen [1 bis 7].

Neue Einsatzmöglichkeiten auf dem textilen und technischen Sektor bieten sich insbesondere für schrumpffähige Polyesterfäden an. So ergeben sich auf den wichtigsten Gebieten der textilen Verarbeitung, wie Weberei, Wirkerei, Strickerei und Malitechnik zahlreiche Möglichkeiten der Warengestaltung und Musterung unter Ausnutzung der Schrumpfeigenschaften [8 bis 15]. Als Beispiele seien herausgegriffen:

1. Mischverarbeitung von schrumpffähigen Polyesterfäden mit glatten, nicht schrumpffähigen oder texturierten Fäden zur Herstellung von voluminösen, leichten Gewirken und Geweben mit modischen Mustereffekten, z. B. Wirk- und Webware mit Plissee-, Frottee-, Crêpe-, Cloqué- oder Differential-Dyeing-Effekten;
2. Herstellung von dichten, dimensionsstabilen Gewirken oder Geweben, z. B. für Planen, Bespannungen, Segeltuch, Rauhware-Schuhoberstoffe;
3. Verwendung schrumpffähiger Fäden als Nähfaden in der Malimo-, Maliwatt- und Malipoltechnik, z. B. zur Herstellung von Nähcord.

Zur Charakterisierung der Schrumpfeigenschaften werden besonders die beiden Kenngrößen Schrumpfvermögen bei thermischer oder hydrothermischer Behandlung und die Schrumpfkraft der Fäden herangezogen. Das ist besonders für die Praxis beim Einsatz von Schrumpfseiden wichtig, da die Forderungen des Verarbeiters an das Schrumpfvermögen und die Schrumpfkraft je nach Einsatzgebiet unterschiedlich sind. Allgemein lassen sich für Schrumpfseiden auf Polyesterbasis die Forderungen hinsichtlich der textilphysikalischen Eigenschaften wie folgt abstecken:

Feinheit	5 bis 15 tex,
Reißlänge	$\geqq$ 35 Rkm,
Reißdehnung	$\leqq$ 30%,
Ustergleichmäßigkeit U_{JT100}	$\leqq$ 1%,
Kochschrumpf	$\geqq$ 12%,
Schrumpfkraft	3 bis 5 p/tex.

Die Möglichkeiten des Chemiefaserherstellers, das Schrumpfvermögen und die Schrumpfkraft von Polyesterfäden auf Basis von PÄT zu beeinflussen und entsprechend den Forderungen abzustufen, liegen insbesondere auf dem Gebiet der chemischen Modifizierung, d. h. der Copolyesterbildung. Eine Veränderung der beiden Parameter ist unter Berücksichtigung der anderen textilphysikalischen Kennwerte aber auch durch das nachträgliche Recken der ersponnenen Fäden möglich. Über den Einfluß der Reckparameter auf das Schrumpfvermögen und die Schrumpfkraft von Polyester- und Copolyesterfäden bei der einstufigen Reckung soll nachfolgend berichtet werden.

2. Herstellung und Eigenschaften des Versuchsmaterials

Als Ausgangsmaterial für die Untersuchungen an Polyesterfäden auf Basis von PÄT stand extrusionsgesponnene, ungereckte GRISUTEN-Seide normaler Erspinnung zur Verfügung. Für die Vergleichsuntersuchungen an ungereckten

Tabelle 1. Spinntechnische, textilphysikalische und physikalisch-chemische Kennwerte der ungereckten Polyester- und Copolyesterseiden

Kennwerte		PÄT Reinpolyester	Copolyester mod. Diäthylen-glykol	Copolyester mod. Isophthal-säure
Düsenlochzahl		30	30	30
Düsenlochdurchmesser	mm	0,2	0,2	0,2
Spinntemperatur	°C	288	288	286
Fördermenge	g/min	29,0	32,0	32,0
Aufspulgeschwindigkeit	m/min	800	900	900
Spinn-Nr.	m/g	27,6	27,3	27,0
Feinheit geschn.	tex	41,0	40,4	40,2
Reißkraft	p	288,0	333,0	335,0
Variationskoeff.	%	14,2	8,9	8,9
Reißdehnung	%	450,7	454,2	444,0
Variationskoeff.	%	5,5	4,2	2,9
Reißlänge	km	7,0	8,2	8,3
Ustergleichmäßigkeit UJT_{100}	%	0,5	0,5	0,5
UJN_{100}	%	1,1	1,2	1,1
Schmelzpunkt				
— Granulat °C		259	236	232
— Spinnseide °C		257	237	233
*) rel. Lösungsviskosität				
— Granulat η_{rel}		1.3782	1.4223	1.4015
— Spinnseide η_{rel}		1.3176	1.3732	1.3552
Aschegehalt	%	0,57	0,04	0,06
Jodsorption	mgJ/gr Fas.	148,9	171,6	174,8
Doppelbrechung	Δn	0,0041 ± 0,0001	0,0045 ± 0,0003	0,0043 ± 0,0001
Dichte	g/cm³	1,3479 ± 0,0011	1,3381 ± 0,005	1,3413 ± 0,005
Kristallisationsgrad		0,1160 ± 0,01	0,0235 ± 0,0325	0,0570 ± 0,0045
Kochschrumpf	%	36,6	46,8	41,4

¹) — gemessen in Phenol/Tetrachloräthan 1:1% Masse bei 20 °C.

Copolyesterfäden haben wir als Modifizierungskomponenten Isophthalsäure und Diäthylenglykol ausgewählt und spezielle Kondensationschargen in einen 60-l-Gefäß hergestellt. Bei der Modifizierung des Polyesters mit ca. 8% Isophthalsäure, bezogen auf die eingesetzte Menge Dimethylterephthalat (DMT), wurde die Modifizierungskomponente zusammen mit dem DMT und Äthylenglykol eingesetzt und der Copolyester (II) nach der normalen Umesterungs- und Polykondensationstechnologie hergestellt. Die Herstellung des mit ca. 8% Diäthylenglykol modifizierten Polyesters (I) erfolgte dagegen nach einer speziellen Kondensationstechnologie, die dadurch gekennzeichnet ist, daß die Zugabe des Diols erst nach Abschluß der Umesterung bzw. in der ersten Phase der Polykondensation bis zu einer Grenzviskosität von $[\eta] = 0{,}4$ erfolgte [3]. Das Spinnen der Copolykondensate erfolgte auf einer separaten Rostspinnstelle zu Fäden mit vergleichbarer Feinheit. In der Tabelle 1 sind die spinntechnischen, textilphysikalischen und physikalisch-chemischen Parameter der ungereckten Polyester- und Copolyesterfäden zusammengestellt. Aus den physikalisch-chemischen Kennwerten ist ersichtlich, daß die Copolyesterfäden gegenüber den Spinnfäden auf Basis von reinem PÄT einen um 20 bis 25 grd niedrigeren Schmelzpunkt besitzen. In den ermittelten Werten der Dichte und Kristallinität der Spinnseiden deutet sich die geringere Kristallisationsneigung der Copolyester an. Durch die DTA-Untersuchung am Granulat und an den Fäden — ohne und mit Spinnverzug — wird diese Aussage bestätigt. Dabei wurden folgende Versuchsbedingungen angewendet:

Meßgerät:	Derivatograph (MOM Budapest)
Probeneinwaage:	150 mg
Inertstoffeinwaage:	214 mg Al_2O_3
Heizgeschwindigkeit:	ca. 3 °C/min
DTA-Empfindlichkeit:	1/1
Atmosphäre:	10 l N_2/h.

In der Zusammenstellung der DTA-Untersuchungsergebnisse in der Tabelle 2 bedeuten:

T_G	°C	= Glasumwandlungstemperatur,
T_{kb}	°C	= Temperatur, bei der die spontane Kristallisation beim Aufheizen einsetzt,
T_{km}	°C	= Temperatur des Kristallisationsspeakmaximums,
T_k	cm²	= Fläche des Kristallisationspeaks,
H_k	mm	= Höhe des Kristallisationspeaks,
T_{sb}	°C	= Temperatur, bei der der endotherme Schmelzvorgang einsetzt,
T_s	°C	= Temperatur des Schmelzpeakminimums, DTA-Schmelzpunkt,
F_s	cm²	= Fläche des Schmelzpeaks,
H_s	mm	= Höhe des Schmelzpeaks.

Die durch den Modifizierungszusatz bewirkten stereochemischen Veränderungen im makromolekularen Aufbau der Copolyester wirken sich besonders in den Werten des Kristallisationsbeginns T_{kb}, des Kristallisationspeakmaximums T_{km} und in der Fläche des Kristallisationspeaks F_k aus. Es zeigt sich, daß beide Copolyester im Vergleich zum reinen Polyester erst bei wesentlich höheren Temperaturen zu kristallisieren beginnen, wobei der Zusatz an Isophthalsäure stärker kristallisationshemmend wirkt gegenüber dem Modifizierungszusatz Diäthylenglykol. Die Abstufung in der Kristallisationsneigung der untersuchten Polyester kommt auch in den Werten der Fläche des Kristallisationspeaks zum Ausdruck, die als relatives Maß für die bei der Kristallisation freiwerdenden Wärme angesehen werden kann. Für beide Copolyester wurden wesentlich kleinere Flächen für den Kristallisationspeak ausgemessen. Das Schmelzverhalten der Polyester wird im wesentlichen durch den Beginn des endothermen Schmelzvorgang T_{sb} und die Temperatur Schmelzpeakminimum T_s charakterisiert. Bei den Copolyesterproben setzt im Vergleich zum Reinpolyester

Tabelle 2. Ergebnisse der DTA-Untersuchungen

Probenbezeichnung	T_G °C	T_{k_b} °C	T_{km} °C	F_k cm²	H_k mm	T_{s_b} °C	T_s °C	F_s cm²	H_s mm
Reinpolyester — Spinnseide mit Spinnverzug	67	95,8	131,5	12,2	85	223	257	12,3	82,8
Copolyester (mod. Diäthylenglykol)									
— Granulat	66	—	—	—	—	162	231	10,4	65,0
— Spinnseide ohne Spinnverzug	61,5	116,5	144	9,1	67	204	231,5	8,1	58,5
— Spinnseide mit Spinnverzug	63	110	127	9,9	75	199	236	10	64
Copolyester (mod. Isophthalsäure)									
— Granulat	73,5	—	—	—	—	162	227	9,4	53,5
— Spinnseide ohne Spinnverzug	65,7	131,5	168,5	7,8	46	209,5	233	6,1	45,5
— Spinnseide mit Spinnverzug	65,5	120,5	144	8,8	68,3	202	230	7,6	54

der Schmelzvorgang schon wesentlich früher ein. Die DTA-Schmelzpunkte (T_s-Werte) weisen gegenüber den auf dem Mikroheiztisch nach *Boëtius* optisch ermittelten Schmelzpunkten nur unwesentliche Abweichungen auf.

3. Beschreibung der Versuchsdurchführung

Das Recken der ersponnenen Polyester- und Copolyesterseiden zu Fäden mit der Feinheit von etwa 9 tex (30) erfolgte auf einer einstufigen Reckzwirnmaschine, die mit einer heizbaren Lieferwalze (Durchmesser 86 mm) und einer Heizschiene im Reckfeld (Länge der Heizfläche 220 mm) ausgerüstet war. Diese Reckvorrichtung ist in Bild 1 schematisch dargestellt. Um die Vergleichbarkeit der Ergebnisse zu gewährleisten, wurden alle Versuche auf einer Reckstelle durchgeführt. Zur Messung der Oberflächentemperaturen der Heizwalze und der Heizschiene unmittelbar nach dem Fadenlauf stand ein Thermophilgerät „Ultracust Type 4421" zur Verfügung. Für die Messungen der relativen Reckkräfte im Reckfeld vor der Abzugspalette wurde ein elektronischer Fadenspannungsmesser „Modell Honigmann' benutzt. Zur Beurteilung der Eigenschaften der hergestellten Reckzwirnseiden interessierten vor allem das Schrumpfvermögen und die Schrumpfkraft der Fäden, ferner auch deren textilphysikalische und physikalisch-chemische Kennwerte. Die Bestimmung des Kochschrumpfes als Maß für das Schrumpfvermögen der Einzelfäden wurde bei weitgehend spannungsloser hydrothermischer Behandlung (Vorlast 0,002 p/tex)

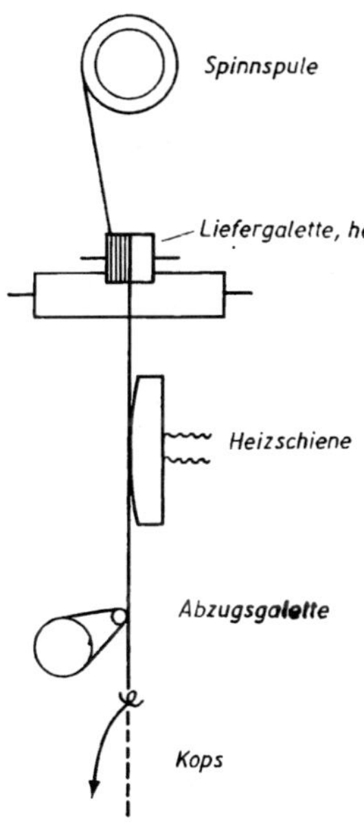

Bild 1. Schematische Darstellung der Reckeinrichtung

mit einem Kathetometer „Phylatex" vorgenommen [4]. Zur Messung der charakteristischen Größe Schrumpfkraft stand ein Festigkeitsprüfer „Statigraph" mit elektronischer Meßeinrichtung und Temperiervorrichtung zur Verfügung, mit dessen Hilfe über eine wegarme Kraftmessung, die bei der hydrothermischen Behandlung der Fäden freiwerdenden, entropieelastischen Kräfte erfaßt werden können [17, 18]. Auf die Funktionsweise dieser Vorrichtung wird in den weiteren Ausführungen noch näher eingegangen.

4. Ergebnisse der Untersuchungen

4.1. Einfluß der Recktemperatur auf das Schrumpfvermögen

Aus der Praxis der Herstellung von Polyesterfäden ist bekannt, daß ein kontinuierliches Recken nur bei Temperaturen oberhalb des Umwandlungspunktes zweiter Ordnung von PÄT (~ 67 °C) möglich ist. In Hinblick auf die Erzielung höherer Schrumpfeffekte ist dabei besonders die Heißreckung im Temperaturbereich von 70 bis 130 °C von Bedeutung. Die Reckversuche bei unterschiedlicher Temperaturführung der Heizwalze und Heizschiene wurden daher vor allem in diesem Temperaturbereich durchgeführt und dabei die Fadentemperatur vor und während des Reckens wie folgt beeinflußt:

Technologie 1: Recken der Polyester- und Copolyesterfäden mit Heizwalze. Heizschiene im Reckfeld ausgebaut — freier Fadenlauf. Variation der Heizwalzentemperaturen (HW_T) im Bereich von 70 bis 110 °C in Abstufungen von jeweils 10 grd.

Technologie 2: Recken der Fäden mit Heizwalze und Heizschiene bei konstanter Heizwalzentemperatur von 70°C. Variation der Heizschienentemperatur (HS_T) im Bereich von 70 bis 125°C in Abstufungen von jeweils 10 grd.

Technologie 3: Recken der Fäden mit Heizwalze und Heizschiene bei jeweils gleichen Temperaturen. Variation der Heizwalzen- und Heizschienentemperatur im Bereich von 70 bis 110 °C in Abstufungen von jeweils 10 grd.

Die Parameter Reckverhältnisse (VV 1:3,18) und Reckgeschwindigkeit (RG 347 m/min) wurden für diese Versuche konstant gehalten. Es zeigte sich, daß die Schrumpfwerte der gereckten Fäden durch die Erwärmung des ungereckten Materials vor und während des Reckens unterschiedlich beeinflußt werden. Die Veränderung der Kochschrumpfwerte der gereckten Reinpolyesterfäden in Abhängigkeit von der Heizwalzen- bzw. Heizschienentemperatur ist in Bild 2 dargestellt. Danach nehmen im Temperaturbereich von 70 bis 110 °C unabhängig von der angewendeten Temperaturführung die Kochschrumpfwerte annähernd gradlinig mit der Temperatur von etwa 20 auf 7% ab. Für die Recktechnologie 1, bei der die Fäden lediglich vor dem Recken mit Hilfe der Heizwalze auf eine bestimmte Temperatur erwärmt werden und dann das Reckfeld im freien Fadenlauf passieren, ergeben sich bei allen Recktemperaturen stets die größten Schrumpfwerte. Ein Recken der Polyesterfäden mit Heizschiene führt dagegen bei allen Temperaturstufen zu niedrigeren Schrumpfwerten. Dies ist nach den bisherigen Erkenntnissen des Reckens von Polyesterfäden auch zu erwarten, da eine zusätzliche Wärmezufuhr im Reckfeld den Verzug der Fäden durch die Verminderung der Reckspannung zwar erleichtert, andererseits aber zu einer stärkeren, spannungsinduzierten Faserkristallisation während des Reckens führt, wodurch der nachträgliche Schrumpf des Materials vermindert wird.

Die Verminderung des Schrumpfes mit der Recktemperatur läßt sich durch die Geradengleichung

$$\Delta l = a \cdot T_R + b;$$

Δl = Kochschrumpf in %,
T_R = Recktemperatur in °C,
a, b = Konstanten

beschreiben. Für die Konstanten a und b der Regressionsgeraden wurden in Abhängigkeit von der Temperaturführung beim Recken folgende Werte ermittelt:

	Konstanten		Bestimmtheitsmaß
	a	b	B
Technologie 1	−0,18	32,21	0,996
,, 2	−0,21	32,90	0,984
,, 3	−0,21	32,72	0,996

Für $T_R = 0$ stellt die Konstante b hierbei den Schrumpf des unbehandelten, gereckten Fadens dar, der in guter Übereinstimmung mit meßtechnisch ermittelten Werten an Polyesterfäden steht, die bei niedrigen Temperaturen sehr langsam gereckt wurden. Die gereckten Copolyesterfäden besitzen auf Grund der verminderten Kristallisationsneigung der Polymeren ein wesentlich größeres Schrumpfvermögen bei hydrothermischer Behandlung. Für die mit Diäthylenglykol modifizierten Polyesterfäden ist die Änderung des Schrumpfvermögens mit der Recktemperatur ebenfalls aus Bild 2 ersichtlich. Die Abnahme der Kochschrumpfwerte in Abhängigkeit von der Temperaturführung und der Höhe der Recktemperatur entspricht dabei weitgehend der für Reinpolyesterfäden diskutierten Abstufung und Form des Kurvenverlaufes, wobei das Schrumpfvermögen der

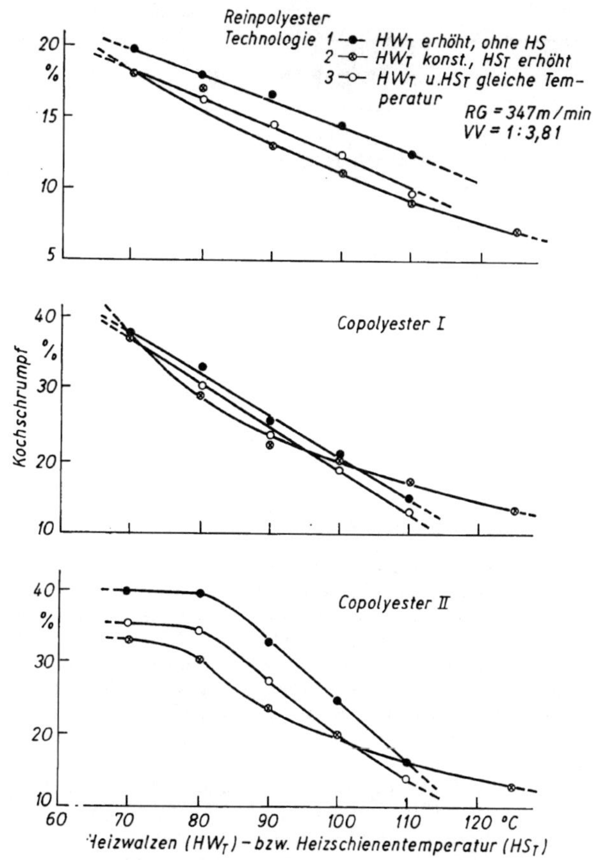

Bild 2. Einfluß der Recktemperatur auf das Schrumpfvermögen der Polyester- und Copolyesterfäden

Fäden von etwa 38 auf 15% abfällt. Einen anderen Verlauf der Schrumpfungsabnahme mit der Recktemperatur zeigen die mit Isophthalsäure modifizierten Polyesterfäden. Hier ist für alle Recktechnologien ein stärkerer Rückgang in der Schrumpfung der Copolyesterfäden generell erst bei Recktemperaturen oberhalb 80 °C zu verzeichnen (Bild 2). In der weitgehenden Unabhängigkeit der Schrumpfwerte im Temperaturbereich von 70 bis 80 °C bestätigen sich damit die aus

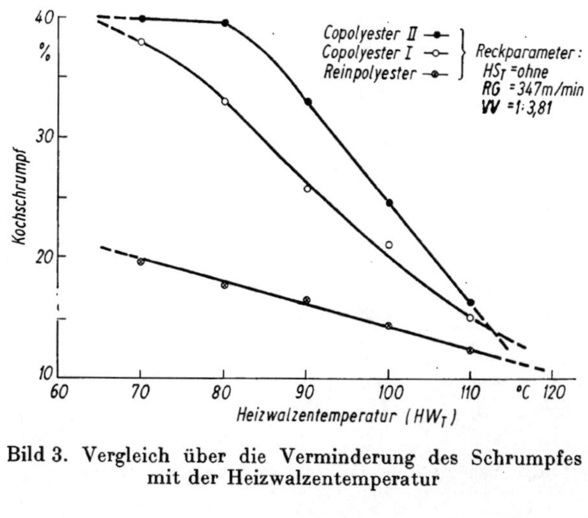

Bild 3. Vergleich über die Verminderung des Schrumpfes mit der Heizwalzentemperatur

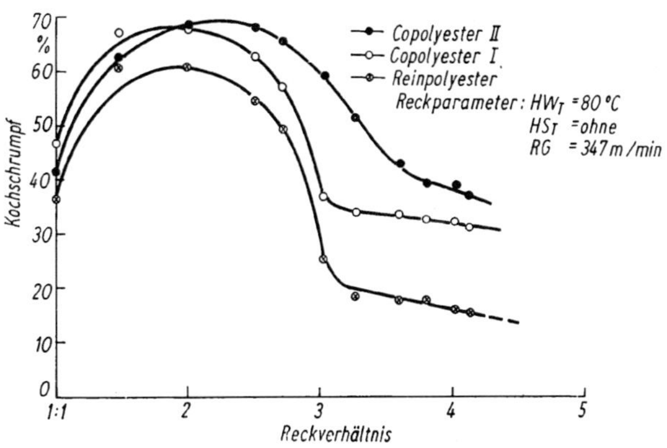

Bild 4. Einfluß des Reckgrades auf das Schrumpfvermögen

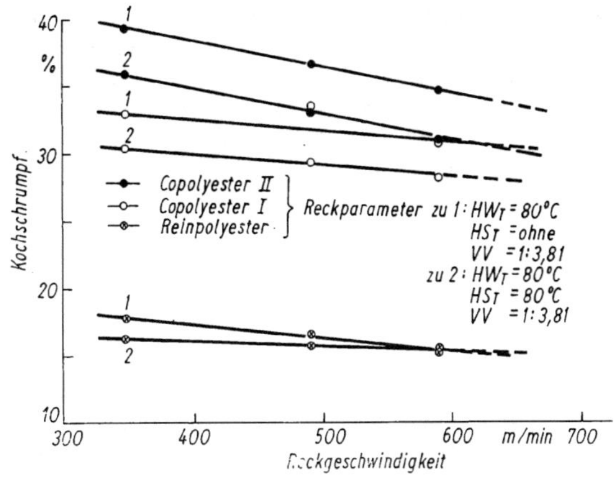

Bild 5. Einfluß der Reckgeschwindigkeit auf das Schrumpfvermögen

den DTA-Untersuchungen der Granulate und Spinnfäden gewonnenen Erkenntnisse hinsichtlich der Kristallisationsneigung, wonach sich im Vergleich zum Reinpolyester der Kristallisationsbeginn durch Modifizierung mit Isophthalsäure um 36 grd erhöht, während der mit Diäthylenglykol modifizierte Polyester mit etwa 20 grd Kristallisationserhöhung eine mittlere Stellung einnimmt (vgl. Bild 3).

4.2. Einfluß des Reckverhältnisses und der Reckgeschwindigkeit auf die Schrumpfwerte

Aus früheren Untersuchungen von *Roth* und *Schroth* [19 bis 22] ist bekannt, daß sich der Strukturzustand und damit das Schrumpfvermögen reiner Polyesterfäden mit dem Reckverhältnis stark verändert. Danach ist für normal ersponnene Polyesterfäden bis zu einem Reckverhältnis von 1:2 ein Anstieg in der Schrumpfung auf etwa 60% zu verzeichnen, während beim weiteren Recken unter den in der Praxis üblichen Heißreckbedingungen die Schrumpfwerte der Fäden auf 7 bis 9% abfallen. Wir haben den Zusammenhang zwischen Reckverhältnis und Schrumpfung von Polyester- und Copolyesterfäden bei konstanter Recktemperatur und Reckgeschwindigkeit insbesondere für die Temperaturführung nach Technologie 1 überprüft, wobei eine Heizwalzentemperatur von 80 °C angewendet wurde. In der vergleichenden Darstellung in Bild 4 bestätigt sich der bekannte Kurvenverlauf auch für Copolyesterfäden, allerdings ist der Abfall der Schrumpfung im Reckbereich von 1:2 bis 1:3 nicht so stark, so daß solche Fäden auch im oberen Reckbereich noch Kochschrumpfwerte von über 30% aufweisen. Der mit Diäthylenglykol modifizierte Polyester nimmt wiederum eine Mittelstellung zwischen dem reinen Polyester und dem mit Isophthalsäure modifizierten Polyester ein. Die Veränderungen der Schrumpfwerte mit der Reckgeschwindigkeit sind in Bild 5 dargestellt. Für den untersuchten Bereich nehmen dabei die Schrumpfwerte für alle Polyesterproben unabhängig von der Temperaturführung beim Recken geradlinig ab, wobei die Geraden für den Copolyester (II) etwas stärker geneigt sind. Der Abfall der Schrumpfwerte läßt sich darauf zurückführen, daß bei höheren Reckverhältnissen oder -geschwindigkeiten die Reckarbeit bekanntlich stark ansteigt. Die dadurch entstehenden Wärmeeffekte führen zu einem beträchtlichen Anstieg der Temperatur im Fadeninneren, was einer Erhöhung der Recktemperatur gleichkommt. Aus der geleisteten mechanischen Reckarbeit kann die maximale Temperaturerhöhung nach einer von *Hruby* [23] aufgestellten Beziehung theoretisch berechnet werden:

$$\Delta t = \frac{21{,}077 \cdot \sigma (n - 1)}{c};$$

Δt = Temperaturerhöhung in °C,
σ = Fadenspannung in p/den,
n = Reckverhältnis,
c = spez. Wärme, für Polyester 0,3 cal/g °C.

Für einige Reckstufen wurden die Temperaturen errechnet und in Tabelle 3 zusammengestellt. Durch Addition der Heizwalzentemperatur als Ausgangsfadentemperatur vor Einlauf in das Reckfeld ergeben sich daraus theoretische Fadentemperaturen, die nur im unteren und mittleren Reckbereich mit denen praktischer Messungen annähernd vergleichbar sind. Bei einem Reckverhältnis oberhalb 1:3,6 liegen die theo-

Tabelle 3. Theoretische Fadentemperatur beim Recken von Polyesterfäden

Reckgeschwindigkeit m/min	Reckverhältnis	Heizwalzentemperatur °C	Reckspannung p/den	theor. Fadentemperatur °C	theor. Fadentemp. + Heizwalzentemp. °C
347	1:3,81	80	1,12	220	300
347	1:3,61	80	0,69	127	207
347	1:3,27	80	0,39	62	142
347	1:3,03	80	0,26	38	118

retischen Fadentemperaturen schon über dem Schmelzpunkt des reinen Polyesters, was in der Praxis jedoch nicht zutrifft. Daraus kann geschlossen werden, daß sich die Erwärmung des Fadens vor Einlauf ins Reckfeld und die beim Reckprozeß entstehende Fadenwärme nicht additiv verhalten, bzw. ein Teil der Wärme von der Fadenoberfläche abgeführt wird.

4.3. Einfluß des Reckmediums auf die Schrumpfwerte

Zum Recken von Polyesterfäden zwischen rotierenden Galetten können neben elektrischen Heizelementen, z. B. Heizstab, -schiene oder -platte, auch Bäder mit indifferenten Flüssigkeiten, wie Wasser, Paraffinöl oder niedrig schmelzende Metallegierungen verwendet werden. Für die betriebliche Praxis dürfte von diesen Wasser als Reckmedium am ehesten in Betracht kommen. Nach Untersuchungen von *Wiesener* [24] treten bei spannungsloser Behandlung von amorphen Polyesterfäden in Wasser erste Kristallisationserscheinungen bei einer Temperatur von 75 °C auf. Inwieweit sich die spannungsinduzierte Kristallisation beim Recken der Polyesterfäden in Wasser auf das Schrumpfvermögen auswirkt, wurde jedoch in diesem Zusammenhang nicht untersucht. Für die Reckversuche in Wasser haben wir anstelle der Heizschiene eine spezielle Flüssigkeitskammer (Länge 250 mm) in das Reckfeld eingebaut und die Wassertemperatur mit einem Thermostaten reguliert (Bild 6). Um zu verhindern, daß das Reckmedium nach unten ausströmt, wurde durch eine doppelseitige Düse, deren Öffnungen etwa den dreifachen Fadendurchmesser besaßen, ein N_2-Strom seitlich eingeblasen und damit der über der Düsenöffnung in der Kammer lastende Druck der Wassersäule ausgeglichen. Vom Faden mitgerissenes Wasser wird noch vor Eintritt in die Düse mittels einer Schaumstoffeinlage abgestreift. Aus Bild 7 ist ersichtlich, daß auch beim Reckprozeß in Wasser das Schrumpfvermögen der Polyesterfäden mit Erhöhung der Temperatur deutlich abnimmt. Eine Erwärmung des Fadens auf der Heizwalze vor dem Einlauf ins Reckmedium ändert den Verlauf der Schrumpfabnahme mit der Wassertemperatur nicht, sondern führt lediglich zu einer Parallelverschiebung der Kurvenzüge nach

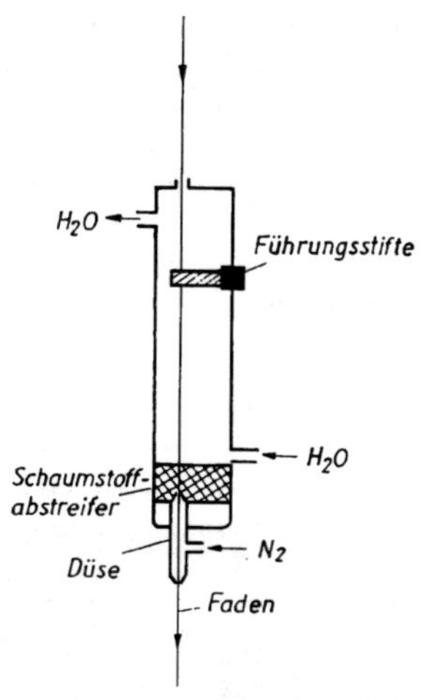

Bild 6. Schematische Darstellung der Vorrichtung zum Recken in flüssigen Medien

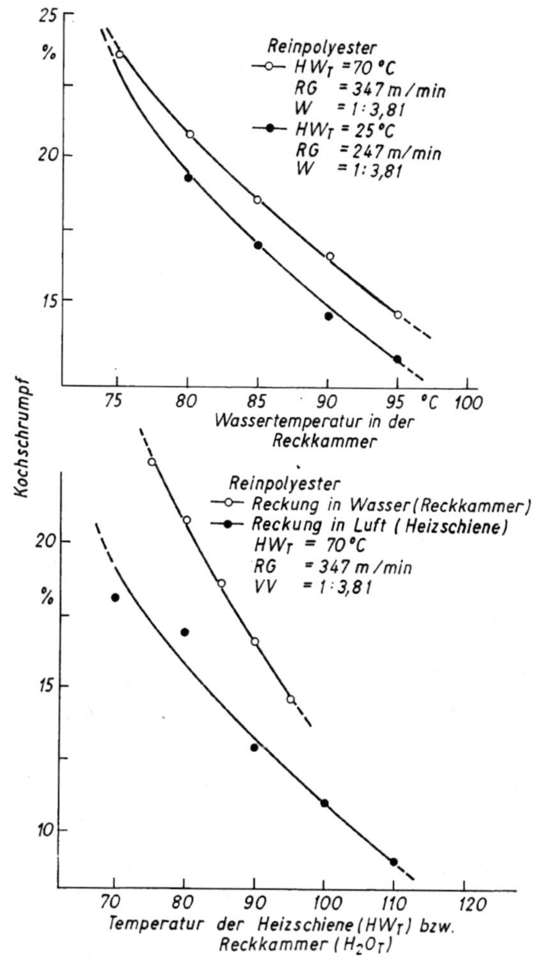

Bild 7. Vergleich über den Einfluß der Recktemperatur auf den Schrumpf nach der Reckung in Luft bzw. in Wasser

etwas höheren Schrumpfwerten. In der Gegenüberstellung der Recktechnologien mit Heizschiene in Luft zum Recken der Fäden mit der Flüssigkeitskammer in Wasser liegen die Schrumpfwerte der in wäßrigen Medium gereckten Fäden bei gleicher Recktemperatur erwartungsgemäß stets höher (Bild 7). Diese Erscheinung läßt sich darauf zurückführen, daß die im Fadeninneren entstehende Reckwärme beim direkten Kontakt schneller an das Reckmedium abgeführt und damit die Kristallisation des Faserstoffes herabgesetzt wird. Fadentemperatur und Temperatur der Behandlungsflüssigkeit sind hierbei etwa gleichzusetzen. Beim Recken in Luft mit Heizschiene ist dies infolge des schlechteren Wärmeüberganges zum umgebenden Medium nicht zu erwarten und die wahre Fadentemperatur höher einzustufen.

4.4. Veränderung der Reckkraft

Das Recken von synthetischen Fäden ist ein mechanischer Vorgang, bei dem bestimmte Formänderungswiderstände überwunden werden müssen. Die Größe des Formänderungswiderstandes wird im wesentlichen von der Beweglichkeit der Molekülketten im polymeren Faserstoff und dessen Strukturänderungen während

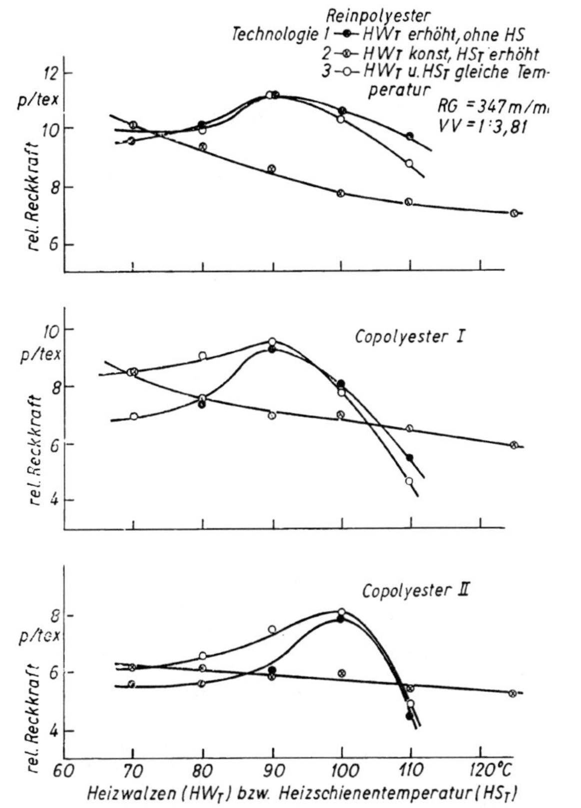

Bild 8. Einfluß der Recktemperatur auf die Fasenspannung im Reckfeld

des Reckens bestimmt. Der Reckvorgang von Polyester- und Copolyesterfäden läuft daher in Abhängigkeit von Reckparametern unter einer bestimmten Fadenspannung im Reckfeld ab, deren Größe und zeitliche Schwankungen besonders die textilphysikalischen Eigenschaften der Fäden beeinflussen können. Ferner ist anzunehmen, daß die beim Reckvorgang auftretenden Reckkräfte auch einen Einfluß auf die nach dem Recken im Faden eingefrorenen, inneren Verspannungen, insbesondere auf die entropieelastischen Kräfte (Schrumpfkräfte) ausüben. Im Bild 8 ist der Einfluß der Recktemperatur bei konstanten Parametern Reckgeschwindigkeit und -verhältnis auf die mittleren relativen Reckkräfte veranschaulicht. In der Reihenfolge Reinpolyester, Copolyester (I) und Copolyester (II) ist zunächst unabhängig von der Temperaturführung beim Recken ein stetiger Rückgang in den Reckkräften festzustellen, der auf die niedrigere Einfriertemperatur und verminderte Kristallisationsneigung der Copolyester zurückzuführen ist. In Abhängigkeit von der Temperaturführung beim Recken kommt es für die Technologien 1 und 3 im Bereich von 90 bis 100 °C grundsätzlich zur Ausbildung eines Spannungsmaximums. Dies läßt sich damit erklären, daß die ungereckten Fäden bei thermischer Behandlung oberhalb der Einfriertemperatur bestrebt sind zu schrumpfen. Ein Schrumpfvorgang des Fadens auf der Heizwalze ist jedoch nicht möglich, wodurch sich bereits die Fadeneinlaufspannung ins Reckfeld erhöht. Bei Heizwalzentemperaturen über 100 °C nehmen die Reckkräfte wieder ab, da dann die plastische Erweichung des amorphen Materials schon so groß ist, daß zur mechanischen Verformung der Fäden nur noch geringe Kräfte notwendig sind. Bei konstanter Heizwalzentemperatur und laufender Erhöhung der Heizschienentemperatur ist demgegenüber ein stetiger Abfall der Reckkräfte mit der Recktemperatur zu verzeichnen. Der Reckprozeß wird durch die zusätzliche Wärmezufuhr im Reckfeld wesentlich erleichtert. Für diese

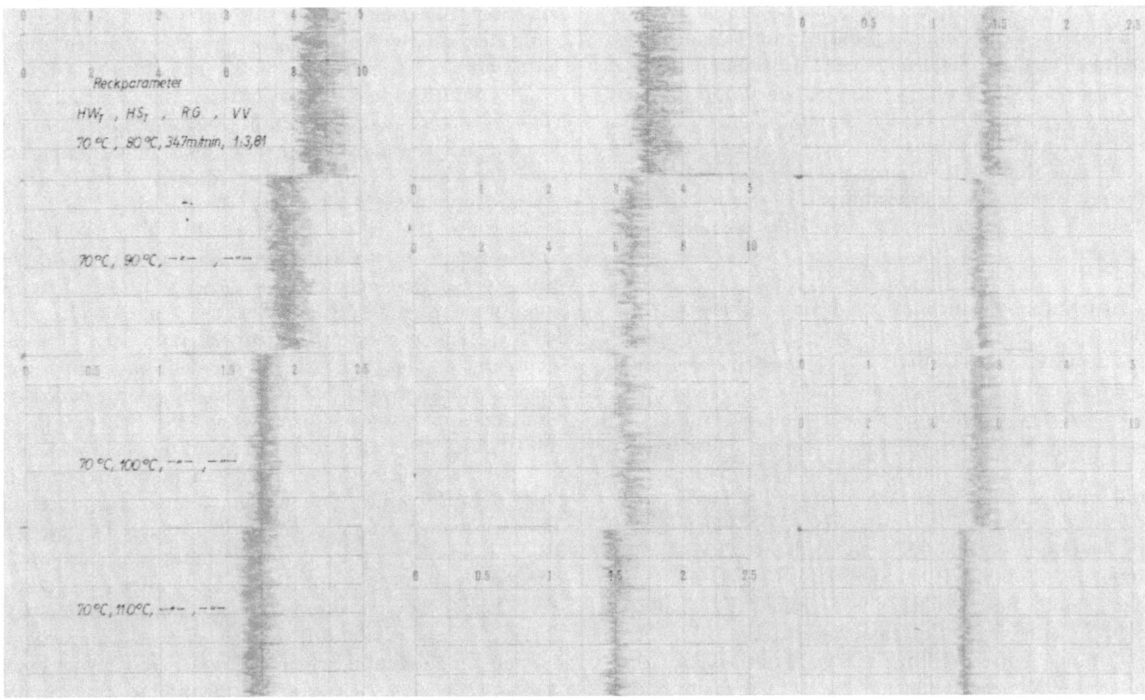

Reinpolyester — Copolyester I — Copolyester II

Bild 9. Zeitlicher Verlauf der Reckkraft

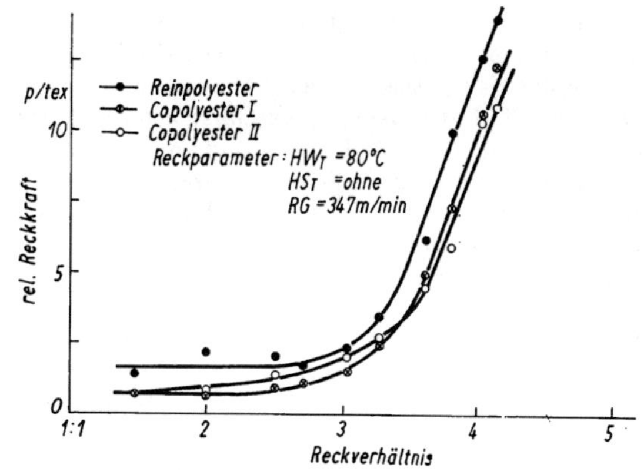

Bild 10. Einfluß des Reckgrades auf die Reckkraft

Temperaturführung weisen auch die Reckspannungsdiagramme, die den zeitlichen Verlauf der auftretenden Kräfte wiedergeben, die geringsten Schwankungen auf, wobei sich der mit Isophthalsäure modifizierte Polyester am günstigsten verhält (Bild 9). Zwischen dem Reckverhältnis und der Reckspannung ergibt sich der in Bild 10 gezeigte und aus der Literatur [22] bereits bekannte Zusammenhang für Polyesterfäden, der im wesentlichen auch für Copolyesterfäden zutrifft. Gleiche Reckspannungswerte wurden für Copolyesterfäden erst bei etwas höheren Reckverhältnissen erreicht.

4.5. Einfluß der Recktemperatur auf die Schrumpfkraft

Die Schrumpfkraft von synthetischen Fäden kann als Rückschnellkraft aufgefaßt werden, sie resultiert aus den entropieelastischen Kräften im Polymeren. Diese entropieelastischen Kräfte werden insbesondere von der Orientierung der Makromoleküle und der Verspannung der Ketten in den amorphen Bereichen bestimmt. Danach ist für einen Faserstoff mit hohem amorphem Anteil, aber niedriger Orientierung der Kettenmoleküle in diesen Bereichen eine geringere Schrumpfkraft zu erwarten gegenüber einem Faserstoff mit einem kleineren Anteil amorpher Bezirke, in denen aber die Ketten eine hohe Orientierung aufweisen und stark verspannt sind. Von den kristallinen Bereichen ist kein Beitrag zu den entropieelastischen Rückschnellkräften zu erwarten.

Zur Messung der Schrumpfkraft wurde, wie bereits im Abschnitt Versuchsdurchführung einleitend erwähnt, ein Zugprüfgerät „Statigraph" mit Temperiergefäß benutzt. Diese Vorrichtung besteht aus dem Prüfgerät mit Kraftmeßkopf, einem Doppelmantelgefäß zur hydrothermischen Behandlung der Fäden, der Kraftanzeige mit Verstärker und einem Schreibgerät (Bild 11). Die Wassertemperatur im Doppelmantelgefäß wurde mittels eines Thermostaten geregelt. Für den Prüfvorgang wird der zu untersuchende Faden unter einer Vorspannung von 0,5 p/tex als Schlaufe in die am Kraftmeßkopf befindliche Öse eingehängt, und die beiden nach unten führenden freien Fadenenden werden in eine feste Einspannvorrichtung geklemmt. Am Gestänge der festen Einspannklemme wird dann das Temperiergefäß soweit nach oben geschoben, daß die eingespannte Fadenschlaufe (Länge 200 mm) bis zur Einhängeöse vom Wasser benetzt ist. Über die elektrische Meßeinrichtung läßt sich sofort der zeitliche Kraftverlauf bei weitgehend konstanter Einspannlänge am dazugehörigen Schreibgerät aufzeichnen. Die Änderung der inneren Spannung während des Schrumpfens läßt sich bei dieser Meßmethodik jedoch nicht erfassen.

Bild 11. Prüfgerät zur Messung der Schrumpfkraft

Mit dem Gerät Contractiometer der Firma Zwick & Co. KG. können die Schrumpfkraft oder das Schrumpfvermögen eines synthetischen Fadens in Abhängigkeit von der Heißlufttemperatur gemessen werden. Diese Apparatur wurde in einer Veröffentlichung von *Latzke* und *Hage* [25] bereits vorgestellt. Für Schrumpfkraftmessungen am laufenden Faden hat *Stein* [26] eine Vorrichtung schematisch dargestellt. Die Zeit bis zur Erreichung des Endwertes der Anfangsschrumpfkraft in Wasser hängt im wesentlichen von der Höhe der Temperatur des einwirkenden Mediums und vom Temperaturanstieg im Faserstoff ab. Unterhalb der Einfriertemperatur von PÄT steigt die Schrumpfkraft relativ langsam mit der Zeit an, und der Endwert wird erst nach einer Einwirkungszeit von ca. 10 min erreicht (Bild 12). Bei einer Behandlungstemperatur oberhalb 75 °C sind dagegen nur wenige Sekunden bis zur Erreichung des Endwertes der Schrumpfkraft erforderlich, und die Höhe der Schrumpfkraft ist von der Temperatur des Einwirkungsmediums weitgehend unabhängig [25, 27]. Dabei fällt auf, daß in diesem Temperaturbereich zunächst alle Schrumpfkraft-Zeit-Kurven einen Höchstwert erreichen, der dann infolge Spannungsausgleich im Fadeninneren auf einen konstanten Endwert abfällt. In der Reihenfolge Reinpolyester, Co-

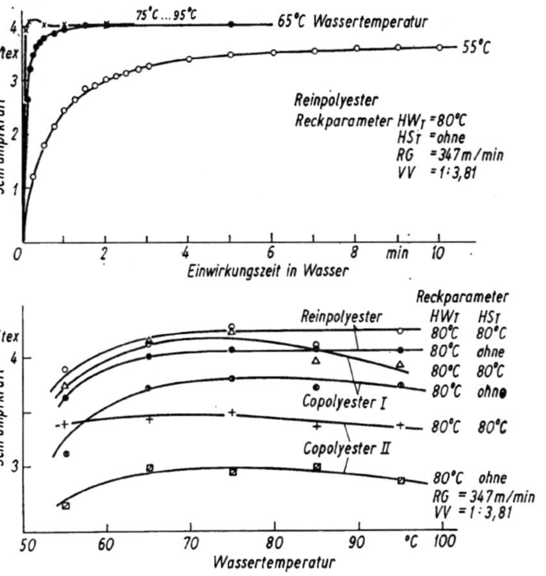

Bild 12. Schrumpfkraft in Wasser in Abhängigkeit von der Einwirkungszeit und Temperatur

polyester (I) und Copolyester (II) ist bei gleichen Reckparametern wiederum ein stetiger Rückgang in den Endwerten der Schrumpfkräfte bei allen Behandlungstemperaturen zu verzeichnen (Bild 12). Dies war nach den Ergebnissen der Reckspannungsmessungen auch zu erwarten, da die beim Recken auftretende Fadenspannung nach der Reckung nicht in gleichem Maße abgebaut und in Abhängigkeit der sich aus-

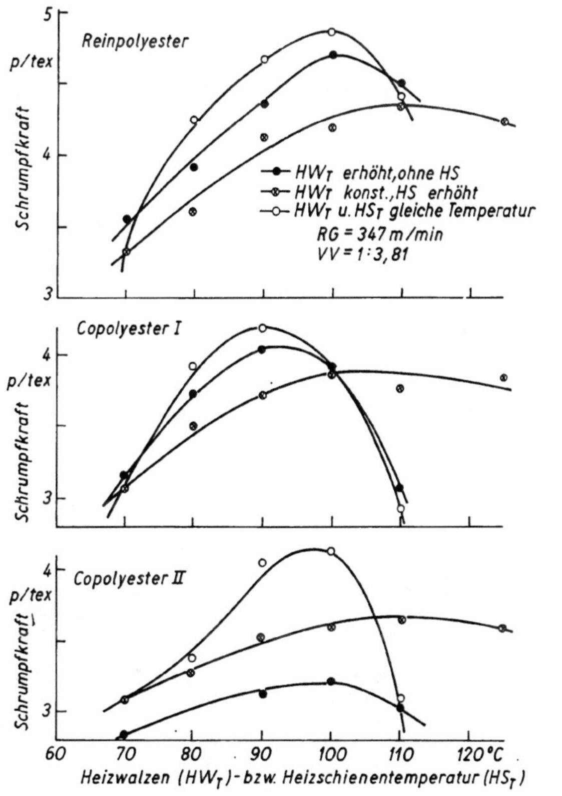

Bild 13. Einfluß der Recktemperatur auf die Schrumpfkraft

bildenden übermolekularen Struktur als innere Fadenverspannung gespeichert wird. Die Meßergebnisse über den Einfluß der Recktemperatur auf die Schrumpfkräfte in Wasser beschränken sich auf die in der Praxis übliche Behandlungstemperatur von 95 °C (Bild 13). Danach wirkt sich die Zunahme der Recktemperatur bis 100 °C in einem deutlichen Schrumpfkraftanstieg der Polyester- und Copolyesterfäden aus, während bei weiterer Erhöhung der Recktemperatur die Fadenschrumpfkräfte wieder abnehmen. Von *Horio* [28] wurde ein ähnlicher Kurvenverlauf der Schrumpfkraft in Abhängigkeit von der Temperatur beim Recken für Polyamid 6 gefunden, wobei das Maximum der Schrumpfkraft bei etwa 150 °C lag. Dieses Verhalten steht in weitgehender Übereinstimmung zum Reckspannungsverlauf, wobei die Maxima der Reck- und Schrumpfkraft bei annähernd den gleichen Recktemperaturen (90 bis 100 °C) ausgebildet sind.

Im Vergleich der einzelnen Temperaturführungen beim Recken tritt erwartungsgemäß der stärkste Anstieg der Fadenschrumpfkraft mit der Recktemperatur wiederum dann auf, wenn das Recken bei jeweils gleicher Heizwalzen- und Heizschienentemperatur vorgenommen wird. Hierbei wirkt sich jedoch das Pendeln des Reckpunktes zwischen Heizwalze und Heizschiene nachteilig auf die Gleichmäßigkeit der Reckspannungsdiagramme aus. In Abhängigkeit von Reckgrad sind die Schrumpfkraftwerte der gereckten Fäden in Bild 14 dargestellt. Bis zum Reckgrad von etwa 1:2,5 zeigt sich die Besonderheit, daß die teilgereckten Fäden trotz eines hohen Schrumpfvermögens (> 50%) nur eine kleine Schrumpfkraft besitzen. Das bedeutet für die Praxis, daß solche Fäden im Gewirke- oder Gewebeverband nur schrumpfen können, wenn eine sehr lockere Bindung vorliegt. Ein steiler Anstieg der Fadenschrumpfkraft setzt dagegen bei einem Reckgrad von etwa 1:3 ein, und die Fäden erreichen bei einem Recken von 1:4,1 eine Schrumpfkraft von ca. 5 p/tex. Für Copolyesterfäden wurden im Vergleich zu den reinen Polyesterfäden erwartungsgemäß keine größeren Schrumpfkräfte gemessen, vielmehr wird die gleiche Schrumpfkraft erst bei einem etwas höheren Reckverhältnis erreicht. Bei vergleichender Betrachtung mit dem Verlauf des Schrumpfvermögens in Abhängigkeit vom Reckverhältnis (s. Bild 4) wird dabei deutlich,

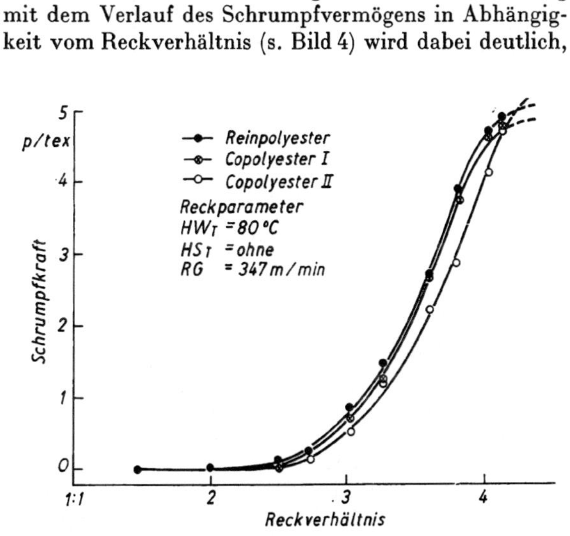

Bild 14. Abhängigkeit der Schrumpfkraft vom Reckgrad

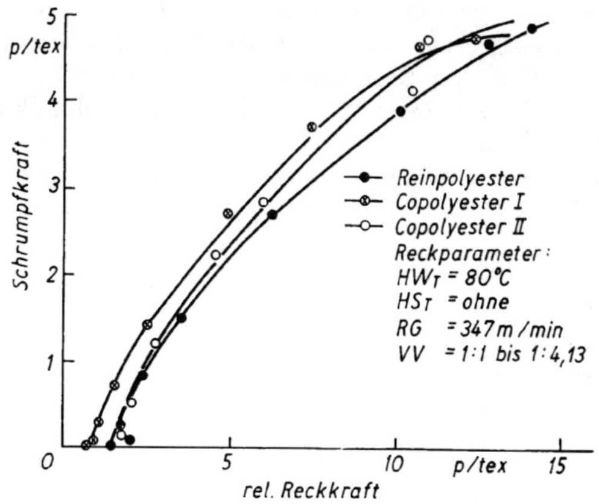

Bild 15. Zusammenhang zwischen Reckkraft und Schrumpfkraft

daß zwischen dem Schrumpfvermögen und der Schrumpfkraft keine Proportionalität besteht, wie dies in Untersuchungen von *Weidner* [27] bereits angedeutet wurde.

Zwischen Reckkraft und Schrumpfkraft besteht demgegenüber der in Bild 15 gezeigte Zusammenhang für den Parameter Reckverhältnis, wenn dabei die Reckgeschwindigkeit und -temperatur konstant gehalten werden. Die Korrelationsanalyse der Meßergebnisse zeigte, daß sie in befriedigender Weise durch die Form

$K_s = a + b_1 \cdot \sigma_R + b_2 \cdot \sigma_R^2$,
K_s = Schrumpfkraft in p/tex,
σ_R = Reckspannung in p/tex,
b_2, b_1, a = Konstanten

beschrieben werden können. Für die einzelnen Polyester- und Copolyesterproben ergaben sich dabei folgende Werte:

	Konstanten			Bestimmtheitsmaß
	b_2	b_1	a	B
Reinpolyester	−0,03	0,79	−1,16	0,987
Copolyester I	−0,03	0,85	−0,61	0,998
Copolyester II	−0,02	0,69	−0,69	0,985

5. *Zusammenfassung*

Für schrumpffähige Polyesterfäden bieten sich in der textilen Verarbeitung eine Reihe von neuen Einsatzmöglichkeiten an. Entsprechend dem jeweiligen Einsatzgebiet werden dabei an das Schrumpfvermögen und die Schrumpfkraft unterschiedliche Forderungen gestellt. Der Chemiefaserhersteller hat die Möglichkeit, diese beiden Kenngrößen in gewissen Grenzen über die Reckung zu beeinflussen. Als wesentlichste Einflußgrößen auf das Schrumpfvermögen von Polyester- und Copolyesterfäden sind die Parameter Reckverhältnis und Recktemperatur zu nennen. Bei der einstufigen Reckung von Reinpolyesterfäden wird für ein vorgegebenes Reckverhältnis das höchste Schrumpfvermögen dann erreicht, wenn die ungereckten Fäden vor der Reckung durch mehrmalige Umschlingung auf einer heizbaren Zuführungswalze kurz über den Umwandlungspunkt zweiter Ordnung erwärmt werden, insbesondere auf 70 bis 72°C, und das Reckfeld ohne weitere Wärmezufuhr im freien Fadenlauf passieren. Der Abfall der Schrumpfwerte mit der Temperatur beim Recken verläuft im Bereich von 70 bis 130°C geradlinig. Beim Recken von Fäden aus mit Isophthalsäure modifizierten PÄT kann die Recktemperatur in einem größeren Temperaturbereich (70 bis 80°C) variiert werden, ohne daß ein merklicher Schrumpfabfall zu verzeichnen ist. Den stärksten Einfluß auf die Fadenschrumpfkraft der Rein- und Copolyesterfäden übt das Reckverhältnis aus. Ein steiler Anstieg in der Schrumpfkraft setzt bei einem Reckgrad von etwa 1:3 ein. Copolyesterfäden erreichen infolge der geringeren Reckspannungen beim Reckprozeß die gleiche Schrumpfkraft erst bei einem etwas höheren Reckgrad. Zwischen der gemessenen Reckkraft und der im Faden gespeicherten Schrumpfkraft wurde für den Parameter Reckgrad ein eindeutiger Zusammenhang gefunden. Eine Zunahme der Recktemperatur wirkt sich bis zu einer Temperatur von 90 bis 100°C ebenfalls in einem Ansteigen der Schrumpfkraft aus. Letzteres gilt insbesondere für das Recken von Polyester- und Copolyesterfäden bei gleicher Heizwalzen- und Heizschienentemperatur.

Literatur

[1] *Thimm, I.*: Entwicklung spezieller Polyesterfasertypen für bestimmte Einsatzgebiete. Chemiefasern **17** (1967) 7, S. 498—504.
[2] *Lacko, V.*: Neue Erkenntnisse auf dem Gebiet der Modifizierung von Polyesterfaserstoffen. Chem. Vlakna, Svit (Chem. Fasern) **18** (1968) 3/5, S. 93—97.
[3] *Hansen, H.*: Verschiedener Glanz von Textilien durch Einsatz von Chemiefasern. Chemiefasern **18** (1968) 12, S. 926—928.
[4] *Hoffrichter, S., Gernhardt, S.*, und *Schmidt, W.*: Hochschrumpfende Polyesterfasern. Dt. Textiltechnik **20** (1970) 8, S. 515—519; 9, S. 585—589.
[5] *Okuda, T.*: Neuere Entwicklungstendenzen der japanischen Synthesefaser-Industrie. Seidenartige Synthesefasern. Chemiefasern **20** (1970) 10, S. 855—858.
[6] *Berg, H.*: Neue Entwicklungen in der Faserchemie und Faserphysik. Melliand Textilber. **52** (1971) 4, S. 448 bis 453.
[7] *Jakob, F.*: Polyesterfasern der zweiten Generation Chemiefasern **22** (1972) 5, S. 388—396.
[8] Kreppeffekte durch Hochschrumpffäden. Chemiefasern **18** (1968) 4, S. 263.
[9] Gewebe-Entwicklungen mit „modischen Garnen". Chemiefasern **18** (1968) 9, S. 624.
[10] Entwicklung von Polyester/Baumwoll-Cordsamt im Gange. Japan Textile News (1967) 147, S. 64—65.
[11] *Braun, P.*: Herstellung von Kammgarn-Geweben aus TREVIRA und TREVIRA/Woll-Garnen mit Schrumpffasern der Type TREVIRA 550. Chemiefasern **20** (1970) 1, S. 39—45.
[12] *Beutler, H.*: Multicolortechnik in der Stückfärberei. Melliand Textilber. **51** (1970) 10, S. 1189—1197.
[13] *Know how*: DIOLEN BC. Chemiefasern **21** (1971) 5, S. 352.
[14] *Maag, F.*: Technische Möglichkeiten der Gewebegestaltung mit Chemiefasern und Texturgarnen. Chemiefasern **21** (1971) 5, S. 359—366.
[15] *Bartholemy, D.*, und *Booten, E.*: Entwicklung von neuartigen Geweben unter Mitverwendung der Schrumpffasertype TREVIRA 550. Chemiefasern **22** (1972) 1, S. 49—55.
[16] Verfahren zur Herstellung von Polyesterfaserstoffen mit erhöhter Schrumpffähigkeit und verbesserter Gleichmäßigkeit. DWP 82803 vom 30. 4. 70, Kl. 29b, 3/60.
[17] *Weyden, H.*, und *Becker, O.*: Kraft-Dehnungseigenschaften verschiedener Natur- und Chemiefasern unter Einwirkung von heißer Luft oder heißem Wasser. Z. ges. Textilind. **72** (1970) 7, S. 568—573.
[18] *Stein, W.*: Kräuselkontraktionskraft und -arbeit texturierter Garne. Chemiefasern **21** (1971) 10, S. 891—896
[19] *Roth, W.*, und *Schroth, R.*: Über das Spinnen und Strekken von Polykondensatfäden. I. Einfluß der Spinn

bedingungen auf den Streckvorgang. Faserforsch. u. Textiltechnik **11** (1960) 7, S. 312—319.
[20] *Roth, W.*, und *Schroth, R.*: Über das Spinnen und Strecken von Polykondensatfäden. II. Verstreckung unter verschiedenen Bedingungen. Faserforsch. u. Textiltechnik **11** (1960) 8, S. 365—373.
[21] *Roth, W.*, und *Schroth, R.*: Über das Spinnen und Strecken von Polykondensatfäden. III. Strukturveränderungen von Polyesterfäden durch Wärme- und Quellmitteleinfluß. Faserforsch. u. Textiltechnik **12** (1961) 8, S. 361—369.
[22] *Schroth, R.*: Einfluß der Spinnorientierung auf die Struktur und Eigenschaften gereckter Polyäthylenterephthalatfäden. Faserforsch. u. Textiltechnik **20** (1969) 12, S. 561—564.
[23] *Hruby, F.*: Wärmetechnische Grundlagen des Streckprozesses. Faserforsch. u. Textiltechnik **6** (1955) 7, S. 309—314.
[24] *Wiesener, E.*: Über die Kristallisation unverstreckter Polyesterseide in einigen organischen Lösungsmitteln. Faserforsch. u. Textiltechnik **15** (1964) 8, S. 392.
[25] *Latzke, P. M.*, und *Hage, H.*: Das Contractiometer, ein Gerät zur Bestimmung der Schrumpfkraft von synthetischen Garnen. Chemiefasern **21** (1971) 4, S. 260 bis 267.
[26] *Stein, W.*: Kräuselkontraktions- und Schrumpfkraftmessung am laufenden Faden. Chemiefasern **20** (1970) 9, S. 748—754.
[27] *Weidner, H.-P.*: Schrumpf und Schrumpfkraft von synthetischen Fäden. Chemiefasern **18** (1968) 10, S. 751—754.
[28] *Horio, M.*: Die Bilateralstruktur und ihre Bedeutung in der Textilchemie. Textil-Praxis **26** (1971) 1, S. 35—40.

Eingegangen am 7. März 1973

Folienherstellung und -verarbeitung zu textilen Erzeugnissen

DK 061.3.055.1:677.021.127:677.61:677.64

Zu diesem Thema führten am 28. 2. 73 die Wissenschaftliche Sektion 1 des Fachverbandes Textil — Bekleidung — Leder der KdT und die Sektion Chemie (Forschungskollektiv Chemiefasern) der Technischen Universität Dresden gemeinsam in Dresden — Plenarsaal des Neuen Rathauses — ein wissenschaftliches Kolloquium durch.

Durch fünf Vorträge und eine Anzahl von Diskussionsbeiträgen wurde einem breiten Kreis von Wissenschaftlern aus allen interessierten Bereichen — es nahmen ca. 100 Wissenschaftler der Bereiche Chemieindustrie, Textilindustrie, Maschinenbau, Hoch- und Fachschulwesen sowie der Akademie der DDR und 40 Studenten bzw. Forschungsstudenten teil — dieses sehr aktuelle und für die Rationalisierung der Chemischen und Textilindustrie so bedeutungsvolle Prinzip der Herstellung von Folien und deren Verarbeitung zu textilen Erzeugnissen umfassend vorgestellt.

Zu begrüßen war die Teilnahme einer großen Anzahl von Studenten und Forschungsstudenten, war es dadurch doch möglich, ihre Ausbildung durch die Vermittlung wissenschaftlich-technischer Erkenntnisse über dieses moderne Herstellungsverfahren für textile Erzeugnisse sinnvoll und anwendungsorientiert zu ergänzen und sie an dem Fluidum einer wissenschaftlichen Veranstaltung teilhaben zu lassen.

Im Ergebnis der Diskussion ließen sich u. a. einige wichtige Hinweise insbesondere über Tendenzen des Rohstoffeinsatzes und der Verfahrensentwicklung sowie über die Notwendigkeit der Schaffung einer einheitlichen Terminologie und geeigneter Prüfverfahren für textile Folienerzeugnisse ableiten.

„Untersuchungen zur Fibrillierung von Folien aus Polymermischungen".

Prof. Dr. rer. nat. habil. *W. Berger*, Technische Universität Dresden.

Ausgehend vom Begriff der „Fibrillierung" und dem derzeitigen Stand der Meßmethodik wurde die Ursache für den Fibrilliervorgang — die Anisotropie der Kräfte längs und quer zur Faserachse — diskutiert.

Die intermolekularen Wechselwirkungskräfte sind primär auf den chemischen und geometrischen Kettenbau der Polymeren und die daraus resultierende Struktur der Folien zurückzuführen. Sie bestimmen die Eigenschaften der Polymeren bzw. Eigenschaftsänderungen der Polymerfolien während der Herstellung, Weiterverarbeitung und beim Gebrauch.

In diesem Zusammenhang erfolgte auf der Grundlage der physikalischen und chemischen Bindung eine Betrachtung der Polymeren Polyester, Polyamid und Polyäthylen.

Weiter wurden, ausgehend von einer Charakteristik der Polymermischungen und unter Einbeziehung des Einflusses geometrischer und struktureller sowie energetischer Effekte auf die Verträglichkeit, Aussagen zur Struktur von Polymermischungen gemacht und erste Ergebnisse durchgeführter Untersuchungen vorgestellt.

„Die physiko-chemische Fibrillierung — ein neuer Weg zur Herstellung von Spaltfaserstoffen".

Dipl.-Chem. *Ch. Michels*, VEB Chemiefaserkombinat Schwarza „Wilhelm Pieck".

Der Referent definierte Spaltfaser- bzw. Folienfaserstoffe als Fasern, Fäden oder Flächengebilde, die durch Spalten einer extrudierten, monoaxial gereckten Polymerfolie erhalten werden. Er charakterisierte hierzu den gegenwärtigen Entwicklungsstand und erläuterte Begriffe, wie

kontrollierte und statistische Folienspaltung sowie Fibrillierung und Kapillarisierung.

Er stellte fest, daß das weitere Vordringen der Spaltfaserstoffe von nachstehenden Forderungen abhängig ist:

1. Erweiterung der Rohstoffbasis auf die Polyamide und Polyester;
2. Verfeinerung des Feinheitsbereiches hinsichtlich Gesamt- und Einzelfeinheit;
3. Einbeziehung der Texturierung in den Prozeß der Spaltfaserstoffherstellung;
4. Erhöhung der Arbeitsgeschwindigkeit als Voraussetzung für die weitere Steigerung der Arbeitsproduktivität.

Es erfolgte eine Einschätzung der Realisierungsmöglichkeiten dieser Forderungen.

Um z. B. die nichtspaltbaren Polyamide und Polyester der Fibrillierung zugänglich zu machen, wurden folgende Möglichkeiten diskutiert:

Teilweise Einführung von großräumigen unpolaren Substituenten in die Seitenketten der Polyamide bzw. Polyester,
Einlagerung von Molekülen, die eine sogenannte „Abschirmwirkung" zwischen den Polyamid- und Polyestermolekülen übernehmen.

Im Ergebnis durchgeführter Forschungsarbeiten konnte auf der Grundlage der letztgenannten Variante die Spaltbarkeit der erwähnten Polymeren durch die sogenannte „physiko-chemische" Fibrillierung erreicht und damit die wichtigste Voraussetzung für die Herstellung von Spaltfasergarnen und fibrillierfähigen bzw. fibrillierten Folien auf Basis Polyamid und Polyester geschaffen werden.

Folienherstellung und -verarbeitung zu textilen Erzeugnissen

„Betrachtungen zum mechanischen Spalten von Folien“
Dipl.-Ing. *H. Elfes* und Dipl.-Ing. *E. Schlegel*, TH Karl-Marx-Stadt.

Unter bewußter oder unbewußter Anwendung des Prinzips der mechanischen Folienspaltung —
an möglichst nahe benachbarten Angriffspunkten oder -linien sind nacheinander oder gleichzeitig Kräfte innerhalb oder außerhalb der Folie so anzubringen, daß Querkräfte in der Folieebene, rechtwinklig zur Orientierungsrichtung, ein Aufspalten zu einem Faserstoff bewirken —
ist international eine Vielzahl von mechanischen Spaltverfahren entwickelt worden. Diese wurden vorgestellt und die jeweiligen Spaltwerkzeuge bzw. deren Funktion erläutert.

Die konstruktiven und technologischen Parameter des Spaltwerkzeuges haben einen nicht geringen Einfluß auf die Beschaffenheit der gespaltenen Folie sowie auf die Herstellungskosten des Spaltwerkzeuges selbst.

So ist z. B. der erzielbare Spalteffekt durch eine dichtere Anordnung der Spaltelemente auf der Walze und eine höhere Geschwindigkeit der Walze bei gleichbleibender Foliegeschwindigkeit zu verbessern.

Die Längen der in die Folie eingebrachten Spalte (l_s) sind ein charakteristisches Merkmal für das Folievlies. Sie können durch Veränderung des Umschlingungsbogens der Folie (S_N) auf der Spaltwalze und des Verhältnisses $\frac{v_F}{v_N}$ vorbestimmt werden:

$$l_S = S_N \left(1 - \frac{v_F}{v_N}\right);$$

v_N = Walzengeschwindigkeit,
v_F = Foliegeschwindigkeit.

Beim Spalten der Folie durch rotierende Spaltwerkzeuge mit am Umfang angeordneten Spaltelementen entsteht ein charakteristisches Folievlies, das einem Netz aus sich fortlaufend verzweigenden Elementarfäden gleicht. Die charakteristischen Merkmale der gespaltenen Folie und die Probleme der Beurteilung bzw. Prüfung dieses Erzeugnisses wurden diskutiert.

„Herstellung und Verarbeitung von Folien zu technischen Textilien“.
Dipl.-Ing. *D. Blechschmidt*, WTZ Technische Textilien, Dresden.

Der Vortrag behandelte den Rohstoffeinsatz, die Herstellung und Verarbeitung von Folien, Foliefäden und Foliefasern, wobei schwerpunktmäßig der Entwicklungsstand in der VVB Technische Textilien dargelegt wurde.

Im Bereich der VVB Technische Textilien werden vorwiegend, je nach Finalerzeugnis, Polyäthylen hoher Dichte und Polypropylen — teilweise eingefärbt und speziell ausgerüstet — eingesetzt. Aus ökonomischen Gründen erfolgt die Aufbereitung von Folieabfällen zu Regranulat bzw. Agglomerat in einer sogenannten „Condux“-Anlage. Für die Herstellung von Folie und Folieflachfäden sind im Bereich der VVB Technische Textilien ausschließlich Anlagen der Fa. Reifenhäuser KG (Blasverfahren) im Einsatz.

Folgende zwei Prinzipien des Reckens finden Anwendung:
Recken mit Kontaktwärme,
Recken in Heißluftkanälen.

Mittels der Nadelwalzenfibrillierung erfolgt auch die Herstellung von Foliegarn in den Feinheiten 140 tex und 2000 tex.

Der bei der Foliegarnherstellung auftretende Festigkeitsverlust (ca. 30 bis 70%) kann durch einen Dreh- oder Zwirnprozeß weitgehend ausgeglichen werden.

Foliestapelfasern werden in der VR Ungarn und
Folieseiden (nach dem Barfilex-Verfahren) in der ČSSR gefertigt.

Abschließend erörterte der Referent Probleme und Perspektiven beim Einsatz von Folietextilien für technische Sortimente.

„Stand und Perspektive der Herstellung und des Einsatzes von Foliefäden für Raumtextilien“.
Textil-Ing. *L. Rahnfeld*, VVB Deko, Plauen.

Ausgehend von den Aufgaben des Industriezweiges Raumtextilien bei der Erfüllung des Konsumgüterprogramms arbeitete der Referent die ökonomischen Vorteile des Folieverarbeitungsverfahrens im Vergleich zu den konventionellen Verfahren der Garnherstellung heraus.

Im Bereich der VVB Deko befindet sich eine Anlage der Fa. Covema, Italien (Blasverfahren), im Einsatz.

Es erfolgte eine Erläuterung der Verfahrensbesonderheiten bei der Herstellung von Foliegarnen für das gegenwärtig dominierende Einsatzgebiet Bouclé-Teppich und Auslegeware.

Zum Schluß seiner Ausführungen ging der Referent auf erste Ergebnisse der Einsatzerprobung der Folieerzeugnisse ein und wies auf weitere Möglichkeiten des Foliegarneinsatzes im Industriezweig Raumtextilien hin.

P. Fischer
Technische Universität Dresden
Sektion Chemie
FK Chemiefasern

Neue Bücher

Handbuch der Infrarot-Spektroskopie. Hgg. von *Hugo Volkmann.* Weinheim/Bergstr.: Verlag Chemie 1972. XIX, 505 S. Lwd. DM 148,—.

Das Handbuch führt von den phänomenologischen über die physikalisch-apparativen Grundlagen bis zu den analytischen und technischen Anwendungen der Ultrarotspektroskopie. Dem Anliegen des Herausgebers, sowohl dem interessierten Anfänger als auch dem Spezialisten ein nützliches Hilfsmittel in die Hand zu geben, wird es weitgehend gerecht, wenn auch die einzelnen Kapitel in dieser Hinsicht unterschiedlich zu bewerten sind. Achtzehn Autoren aus Forschungsinstituten, Hochschulen und der Industrie wurden für die Mitarbeit an dem Werk gewonnen, so daß das Handbuch die große Anwendungsbreite und die vielseitigen Möglichkeiten der Ultrarotspektroskopie widerspiegelt.

In den ersten drei Kapiteln werden nach einer kurzen Einführung in die Grundlagen der Molekülspektroskopie die apparativen Voraussetzungen, wie die Bauelemente der Spektrometer und spezielle Präparationsmethoden, beschrieben, deren gute Kenntnis unumgänglich ist, wenn der Spektroskopiker seine Geräte optimal einsetzen und ihre Leistungen richtig einschätzen will. Dabei fällt auf, daß die Beschreibung der Zusatzeinrichtungen etwas einseitig auf das Programm der Optischen Werke Leitz, denen der Herausgeber angehört, abgestimmt ist. In einem Handbuch sollten auch andere Fabrikate angemessene Berücksichtigung finden. Das nächste Kapitel behandelt die verschiedenen Verfahren der quantitativen Analyse. Eichmethoden, Grundlinienverfahren und die integrale Absorptionsmessung werden dargelegt. Der Rezensent vermißt hier einen Abschnitt über die Einsatzmöglichkeiten moderner mathematischer Methoden, beispielsweise bei der quantitativen Mehrstoffanalyse. Das fünfte Kapitel enthält eine ausgezeichnete Darstellung der Beiträge der UR-Spektroskopie zur Strukturforschung und Thermodynamik, wobei unter anderem auf die Geometrie und die Ladungsverteilung des freien Moleküls, auf zwischenmolekulare Wechselwirkungen und auf die Bestimmung thermodynamischer Gleichgewichte eingegangen wird. Mit den Gitterschwingungen von Kristallen befaßt sich das sechste Kapitel. Hier werden die Theorie der Gitterdynamik, die Meßmethoden sowie die Ergebnisse für eine Reihe gut untersuchter Kristalle beschrieben. In engem Zusammenhang mit den Gitterschwingungen steht das siebente Kapitel über die Anwendung UR-spektroskopischer Methoden in der Halbleiterforschung. Ein den anorganischen Verbindungen gewidmetes Kapitel enthält vor allem ausführlich erläuterte Tabellen der charakteristischen Frequenzen von anorganischen Molekülen, Gruppen und Ionen. Im neunten Kapitel werden die Schwingungen von Komplexverbindungen behandelt. Die vier folgenden, von verschiedenen Autoren verfaßten Kapitel haben Gläser, kristalline Silicate, Kristallchemie, Petrographie, Lagerstättenforschung und Geochemie sowie die Bodenkunde zum Inhalt. Trotz der interessanten Beiträge der UR-Spektroskopie zu diesen Disziplinen und der technischen Bedeutung der behandelten Minerale wäre eine bessere Koordinierung dieser vier Kapitel untereinander oder ihre Darstellung aus einer Hand dem Handbuch dienlich gewesen. In der vorliegenden Form nimmt beispielsweise die Beschreibung der Spektren von Quarz und quarzhaltigen Mineralien in jedem Kapitel einen mehr oder weniger breiten Raum ein. In dem nächsten Kapitel über die organischen Verbindungen werden in einer didaktisch ausgezeichneten Darstellung die wichtigen Schlüssel- oder Gruppenfrequenzen behandelt. Dieses aus einem Vorlesungsmanuskript hervorgegangene Kapitel scheint jedoch eher für ein einführendes Lehrbuch als für ein Handbuch geeignet zu sein, in dem man ein tieferes Eindringen in die Probleme der Ultrarotspektroskopie organischer Verbindungen erwartet. Es ist auch keine angemessene Stoffverteilung, wenn die organischen Verbindungen (mit Ausnahme der Polymeren und der Lipide) in nur einem Kapitel besprochen werden, während allein für die Mineralien vier Kapitel vorgesehen sind. Das Kapitel über Hochpolymere beginnt mit einer kurzen Einführung über die Besonderheiten der Spektroskopie von hochmolekularen Stoffen und der Beschreibung von speziellen Präparationsmethoden. Die Spektren der wichtigsten synthetischen Polymeren werden beschrieben, wobei im Gegensatz zu vielen anderen Übersichtsartikeln über die Polymerspektroskopie die vernetzten Polymeren und die Harze stärker beachtet werden. Eine weitergehende Beschäftigung mit der Problematik wird durch die angegebene Literatur ermöglicht, die aber nicht durchweg auf dem neuesten Stand ist. Ein Kapitel über Pharmakologie und Toxikologie beschreibt die Anwendung der UR-Spektroskopie bei der Identifizierung, Isolierung und Erforschung von Wirkstoffgruppen von pharmakologisch wirksamen Substanzen. Im letzten Kapitel des Buches wird die Dokumentation in der Molekülspektroskopie behandelt. Die wichtigsten bisher erschienenen Monographien und Spektrensammlungen werden vorgestellt. Die Vor- und Nachteile der verschiedenen Verschlüsselungsmethoden von Datensammlungen werden erörtert.

Die Behandlung der Themen in den einzelnen Kapiteln des Handbuches ist qualitativ und quantitativ unterschiedlich, so daß die Erwartungen des Lesers in unterschiedlichem Grade erfüllt werden. Die im Vorwort geäußerte Meinung, daß die vorliegende Monographie für lange Zeit als richtungsweisendes Handbuch dienen wird, da die stürmische Entwicklungsphase der Ultrarotspektroskopie nunmehr abgeschlossen ist, findet nicht die uneingeschränkte Zustimmung des Rezensenten. Die theoretische und technische Weiterentwicklung der Methode bringt neue Möglichkeiten mit sich, die neue Lösungswege eröffnen und zu qualitativ neuen Erkenntnissen führen. In diesem Zusammenhang sei an die zunehmende Erforschung des fernen Ultrarot, an die Fourierspektroskopie und die Anwendung der elektronischen Datenerfassung bei der Registrierung und Auswertung der Spektren erinnert.

Die kritischen Bemerkungen sollen den Wert des Buches nicht herabmindern, sie sollen vielmehr den Leser davor warnen, die Erwartungen an das Handbuch allzu hoch zu schrauben. Zusammenfassend muß gesagt werden, daß der Herausgeber und die Autoren ein gutes Buch geschrieben haben, das aber durchaus noch verbesserungsfähig ist. Die sehr gute und großzügige Ausstattung des Buches durch den Verlag verdient es, besonders hervorgehoben zu werden. Das Handbuch wird sicher einen großen Interessentenkreis finden. Es ist vor allem solchen Arbeitsstellen zu empfehlen, die sich nicht mit einem sehr engen Anwendungsgebiet der Ultrarotspektroskopie begnügen wollen, sondern sich für die volle Anwendungsbreite der Methode interessieren.

J. Dechant

Dynamic Mass Spectrometry. Vol. 3. Hgg. von *D. Price.* London: Heyden & Son Ltd. 1972. VII, 340 S. Kunsteinbd. £ 8.75

Wie die beiden vorausgegangenen Bände[1]) soll auch der nun vorliegende dritte Band dieser Reihe eine Informationsquelle über den modernen Stand und die Entwicklungstendenzen der dynamischen Massenspektrometrie sein. Das Buch enthält drei längere Übersichtskapitel und dreizehn weitere Arbeiten, die auf dem dritten Europäischen Symposium über Flugzeit-Massenspektrometrie vorgetragen wurden, das 1971 in Salford (England) stattfand.

Im ersten Kapitel berichtet *J. P. Carrico* über Anwendungen von inhomogenen, oszillierenden elektrischen Feldern in der Ionenphysik. Es werden die mathematischen Grundlagen der Methode, neuere gerätetechnische Entwicklungen und einige Anwendungen behandelt. Das von *J. C. J. Thynne* geschriebene zweite Kapitel befaßt sich mit der Untersuchung von Bildungs-, Zerfalls- und Einfangprozessen von negativen Ionen mit Hilfe der Flugzeit-Massenspektrometrie.

Im dritten Kapitel berichten *G. W. Ball, G. Lawson* und *J. F. J. Todd* über die Anwendung der dynamischen Massenspektrometrie auf Probleme der Gasanalyse. Wirkungsweise und Bau der hierfür in Frage kommenden Geräte sowie die Ionenquellen und -detektoren werden beschrieben. Als

[1]) Vgl. d. Z. **21** (1970) 9, S. 398, und **23** (1972) 8, S. 351.

Anwendungsgebiete werden die Restgasanalyse, Gas-Feststoff-Reaktionen, Gasphasenreaktionen, die Raumforschung und medizinische Probleme behandelt.

In den weiteren Arbeiten berichten verschiedene Autoren über Anwendungen, Ergebnisse und einige technische Aspekte der Massenspektrometrie. Zu den Themen gehören die Blitzlichtphotolyse, die Reaktionskinetik bei hohen Temperaturen und in Schockwellen, die Gasentwicklung aus geschmolzenem Glas, Untersuchungen an einem CO_2-Gaslaser, die Zersetzung von Oberflächenfilmen mit Laserlicht und die Analyse von Steroiden. Für die Polymerforschung ist ein Kapitel über die massenspektrometrische Untersuchung der bei der thermischen Zersetzung entstehenden Produkte interessant.

Eine wertvolle Ergänzung ist wie auch bei den vorausgegangenen Bänden eine umfangreiche Bibliographie, in der ca. 500 Arbeiten zur Thematik des Buches überwiegend aus den Jahren 1970 und 1971 erfaßt werden.

J. Dechant

Electron Optics and Electron Microscopy. Von *P. W. Hawkes.* London: Taylor & Francis Ltd. 1972. XV, 244 S. Lwd. £ 5,00.

Das Ziel des vorliegenden Buches ist es, sowohl den Anfängern als auch den Anwendern der elektronenmikroskopischen Untersuchungsmethode einen allgemeinen Einblick in diese Meßmethode zu geben und den neuesten gerätetechnischen Entwicklungsstand und die dafür notwendigen Grundlagen zu vermitteln.

Zur Einführung wird die Wirkungsweise elektronenoptischer Systeme erläutert und anhand von Beispielen die Entwicklung der Elektronenmikroskopie verdeutlicht.

In den folgenden drei Kapiteln sind technische Details der elektronenoptischen Gerätetechnik dargestellt.

Der erste dieser Abschnitte behandelt die Elektronenoptik. In knapper Form wird auf die Grundlagen eingegangen, wobei die neuesten Erkenntnisse berücksichtigt wurden Zum besseren Verständnis der hier vermittelten Kenntnisse bedarf der Leser aber einer gewissen mathematisch-physikalischen Vorbildung.

Details über neueste Entwicklungen auf dem Gebiet der Elektronenmikroskopie werden im nächsten Kapitel beschrieben. Dabei wird z. B. auf Elektronenquellen, Objekthalterungen, Strahleninteraktionen, verschiedene Beobachtungsverfahren sowie auf die Höchstspannungsmikroskopie kurz eingegangen. Der Entstehung des elektronenoptischen Bildes ist der größte Teil dieses Abschnittes gewidmet, wobei z. B. zu Fragen des Kontrastmechanismus, der Auflösung sowie der Abbildungsfehler und deren Korrektur Stellung genommen wird.

Im letzten der gerätetechnischen Kapitel wird die Rasterelektronenmikroskopie behandelt. Neben der Darstellung der Grundprinzipien der unterschiedlichen Rasterverfahren (Rastermikroskopie, Transmissionsrastermikroskopie und Mikrosonde) wird die Energieanalyse mit ihren verschiedenen Verfahren beschrieben.

Mit dem Kapitel „Anwendungen" beschließt *Hawkes* sein Buch. Hier ist ein kurzer Einblick in die notwendige Präparationstechnik für die Elektronenmikroskopie gegeben.

Am Schluß des Bandes sind Bildtafeln und die Bibliographie mit den neuesten Literaturstellen untergebracht.

Auf 244 Seiten mit 152 Abbildungen hat der Autor eine kurze Einführung in die Elektronenoptik und Elektronenmikroskopie gegeben, in der sich der neueste Entwicklungsstand dieser Meßmethode (1971/72) widerspiegelt. Es muß aber nochmals betont werden, daß für ein vollständiges Verständnis des Buches gewisse mathematisch-physikalischen Kenntnisse notwendig sind. Diese Voraussetzung sollte aber den Leserkreis in keiner Weise einschränken, da diese gute Darstellung für alle Elektronenmikroskopiker lesens- und empfehlenswert ist.

E. Schulz

Seminar über Grundlagen der Polymerwissenschaft

Das Institut für Polymerenchemie der Akademie der Wissenschaften der DDR und der Fachverband „Makromolekulare Chemie" der Chemischen Gesellschaft der DDR beabsichtigen, jährlich ein Seminar über Grundlagen der Polymerwissenschaft als Weiterbildungsveranstaltung für in Forschungseinrichtungen und Industrie tätige Chemiker, Physiker, Ingenieure und Technologen der DDR durchzuführen. Anliegen der Veranstalter ist es, innerhalb der jeweiligen Themenkomplexe neben theoretischen Kenntnissen vor allem auch praktische Erfahrungen bei der Anwendung spezieller Untersuchungsmethoden zu vermitteln.

Das erste Seminar dieser Reihe findet vom 17. bis 19. Oktober 1973 im Institut für Polymerenchemie in Teltow-Seehof statt. Es wird sich mit der

Bestimmung molekularer Parameter von Makromolekülen

befassen (theoretische Einführung, Darstellung der Methoden, Vorführung der Geräte, Diskussion spezieller Probleme). Das Seminar ist eine Veranstaltung mit begrenzter Teilnehmerzahl. Anfragen sind zu richten an Dr. *J. Baudisch* oder Dr. *W. Jaeger* im Institut für Polymerenchemie der Akademie der Wissenschaften der DDR, 153 Teltow-Seehof, Kantstraße 55 (Telefon: Teltow 4831).

Patentschau

Auszug aus der Lieferung 1/2/1973 der Patentschau „Faserstoffe und Textiltechnik", Ausgabe A: Faserstoffe einschl. Kunststoffe und organ. Grundsubstanzen, zusammengestellt von der Abteilung Information und Dokumentation des Instituts für Polymerenchemie der AdW der DDR, 153 Teltow-Seehof, Kantstr. 55

Die Patentschau ist nach der internationalen Patentklassifikation (IPC) gegliedert. Es bedeuten: DLP = DDR-Patent; DTP = Deutsches Bundespatent; DTA = (West)-Deutsche Auslegeschrift; DTO = (West)-Deutsche Offenlegungsschrift; OEP = Österreichisches Patent; CHP = Schweizer Patent; FRP = Französisches Patent; GBP = Britisches Patent; JAP = Japanisches Patent; POP = Polnisches Patent; SWP = Schwedisches Patent; SUP = Sowjetisches Patent; CSP = Tschechoslowakisches Patent; USP = Amerikanisches Patent; A = Anmeldedatum, O bzw. B = Tag der Ausgabe der Offenlegungs-, Auslege- bzw. Patentschrift.

Sektion B. Arbeitsverfahren

B 65. Fördern, Packen, Lagern; Handhaben dünner oder fadenförmiger Werkstoffe

B 65h. Behandeln von dünnem oder fadenförmigem Gut, z. B. Folien, Gewebe, Kabel

DTO 2063557. Verfahren und Vorrichtung zum Aufspulen von Garn. Erf. nicht genannt. Anm.: Mehl, Josef, 5144 Wegberg (DT). A. 23. 12. 70, B. 6. 7. 72. Kl.: 29a, 6/20, 76d, 2, Int. Kl.: D 02g 1/00, B 65h 54/08. A.-Z.: P 2063557.

SUP 343932 (Urheberschein). Vorrichtung zur Bestimmung von Wicklungsfehlern des Fadens auf der Spule. Erf.: *A. A. Troščanovskij, S. A. Svirid* u. *L. G. Korobko.* Anm.: Vsesojuznyj naučno-issledovatel'skij Institut Mašin dlja Proizvodstva sintetičeskich Volokon. A. 14. 12. 70, B. 7. 7. 72. Int. Kl.: B 65h 54/08, D 01h 13/32. A.-Z.: 1602191/28-12.

SUP 343933 (Urheberschein). Vorrichtung zur Fadenablage in eine stillstehende Kanne. Erf.: *O. V. Ponomarev, V. L. Forer, B. A. Gudovskij* u. *L. M. Zel'din.* Anm.: Leningradskoe special'noe konstruktorsko-technologičeskol Bjuro Mačin chimičeskich Volokon. A. 11. 1. 71, B. 7. 7. 72. Int. Kl.: B 65h 54/74. A.-Z.: 1612909/28-12.

DLP 92622. Einrichtung zum Führen von strangförmigem Gut. Erf. u. Inh.: *Günter Pisek.* A. 18. 11. 71, B. 12. 9. 72. Kl.: 47k, 3/00, Int. Kl.: B 65h 57/16. A.-Z.: WP B 65h/159000.

CHP 528435. Krangelverhüter für Textilgarne mit Verdrehungstendenz, insbesondere für durch Drehungserteilung texturierte Garne sowie Crêpegarne. Erf.: *Hans Nyfeler.* Inh.: Heberlein & Co., AG, Wattwil. A. 12. 3. 71. Int. Kl.: B 65h 59/12, 57/02. A.-Z.: 3677/71.

CHP 529051. Fadenspannungsregler, insbesondere für Zwirn-, Spinn- und Spulmaschinen. Erf.: *Heinrich-Peter Weller* u. *Heinz Kaschewske.* Inh.: Maschinenfabrik Heinz Weller, Siemensstraße 18/14, Mönchengladbach (DT). A. 21. 1. 72. Int. Kl.: B 65h 59/38. A.-Z.: 894/72. Prior.: 23. 1. 71 (DT; A.-Z.: 2103175)

Patentschau

Sektion C. Chemie und Metallurgie

CHEMIE

C 03 Glas; Mineral- und Schlackenwolle

C 03b Herstellung, Formgebung und Nachbehandlungsverfahren

USP 3672857. Verfahren zur Herstellung von Glasfäden unter Verwendung von zusätzlichen Heizvorrichtungen. Erf.: *Charles J. Stalego.* Inh.: Owens-Corning Fiberglas Corp. A. 27. 4. 70, B. 27. 6. 72. Kl.: 65-12, Int. Kl.: C03b 37/00. 14 Anspr.. A.-Z.: 31904.

USP 3676094. Verfahren zum Beschichten von Glasfasern. Erf.: *Robert G. Russell,* Inh.: Owens-Corning Fiberglas Corp., Toledo, Ohio. A. 8. 1. 70, B. 11. 7. 72. Kl.: 65-4, Int. Kl.: C03c 25/02. 14 Anspr. A.-Z.: 1501.

C 07 Organische Chemie

C 07c Acyclische und carbocyclische Verbindungen

DTO 2100033. Verfahren zur Gewinnung von reiner Terephthalsäure. Erf.: *Rolf Platz, Hans-Jürgen Nienburg, Wolfgang Eisfeld* u. *Harro Wache.* Anm.: Badische Anilin- & Soda-Fabrik AG, 6700 Ludwigshafen (DT). A. 2. 1. 71, B. 6. 7. 72. Kl.: 12o, 14, Int. Kl.: C 07c 63/26. A.-Z.: P 2100 033.

FRP 2116056 (B). Verfahren zur Depolymerisation von Polyäthylenterephthalat. Inh. Società Italiana Resine S.p.A. A. 25. 11. 71, B. 11. 8. 72. Int. Kl.: C 07c 67/00, 31/00, 69/00, C 08g 53/00. A.-Z.: 7142306. Prior.: 26. 11. 70 (IT; A.-Z.: 32207-A/70).

GBP 1281937. Ester eines bromierten Bisphenols sowie deren Anwendung zur Entflammungsverhinderung von Polyestern. Inh.: Imperial Chemical Industries Ltd. A. 20. 10. 70, B. 19. 7. 72. Kl.: C2.C, Int. Kl.: C07c 69/16. A.-Z.: 55097/69. Entspr. FRP 2067093.

DLP 92453. Kontinuierliches Verfahren zur Ausscheidung von Lactamen aus einem konzentrierte Schwefelsäure bzw. Schwefeltrioxid enthaltenden Medium. Erf.: *Jan Elmendorp* u. *Abraham Hermanus De Rooij.* Inh.: Stamicarbon N. V. (NL). A. 16. 6. 71, B. 12. 9. 72. Kl.: 12p, 5, Int. Kl.: C 07d 41/06. A.-Z.: AP C 07d/155837. Prior.: 17. 6. 70 (NL; A.-Z.: 7008837). Entspr. FRP 2095315.

CHP 528510. Verfahren zur Reinigung von Laurolactam. Erf.: *Johan Willem Garritsen* u. *Johannes Elisabeth Loduvicens Claassens.* Inh.: Stamicarbon N. V., van der Maesenstraat 2, Heerlen (NL). A. 7. 7. 70. Int. Kl.: C 07d 41/00. A.-Z.: 10292/70. Prior.: 8. 7. 69 (NL; A.-Z.: 6910429). Entspr. DTO 2033950.

C 08 Makromolekulare Verbindungen; ihre Herstellung und chemische Verarbeitung; auf diesen Verbindungen beruhende Gemische

C 08 f Polymerisationsprodukte

JAP 7205526. 2,2-Hydrazobis(2,4-dimethylvaleronitril. Erf.: *Kazuo Ichikiki, Joji Nagaoka,* u. *Toshio Matsukura.* Inh.: Wako Pure Drugs Co. Ltd. A. 25. 4. 68, B. 17. 2. 72. Int. Kl.: C 07c.

DTO 2064101. Verfahren zur Herstellung von wasserlöslichen Polymerisaten in Perlform. Erf.: *Gerhard Storck, Matthias Marx* u. *Herbert Spoor.* Anm.: Badische Anilin- & Soda-Fabrik AG, 6700 Ludwigshafen (DT). A. 28. 12. 70, B. 13. 7. 72. Kl.: 39b4, 1/11, Int. Kl.: C 08f 1/11. A.-Z.: P 2064101.

FRP 2110598 (B). Metallorganische Mischung als Katalysator für die Umwandlung von Olefinen. Erf.: *Yves Chauvin, Jean-Pierre Soufflet, Dominique Commereuc* u. *Phung Nhu-Hung.* Inh.: Institut Francais du Petrole, des Carburants et Lubrifiants. A. 22. 10. 70, B. 7. 7. 72. Int. Kl.: B 01j 11/00, C 07c 3/00, C 08f 1/00. A.-Z.: 7038263.

FRP 2111405 (B). Verfahren zur Polymerisation von Olefinen. Inh.: Solvay & Cie. A. 14. 10. 71, B. 7. 7. 72. Int. Kl.: C 08f 1/00, B 01j 11/00. A.-Z.: 7137043. Prior.: 20. 10. 70 (LU; A.-Z.: 61899). Entspr. DLP 92124, u. DTO 2146687.

FRP 2113313 (B). Verfahren zur selektiven Polymerisation von α-Olefinen. Erf.: *Paolo Longi, Umberto Giannini* u. *Antonio Cassata.* Inh.: Montecatini Edison S.p.A. A. 27. 10. 71, B. 28. 7. 72. Int. Kl.: C 08f 1/00. A.-Z.: 7138589. Prior.: 29. 10. 70 (IT; A. -Z.: 89563 A/70). Entspr. DTO 2153520.

FRP 2116698 (B). Aus Magnesium hergestellte Katalysatoren zur Polymerisation von Olefinen Erf.: *Daniel Durand,* u. *Pierre Mangin.* Inh.: Naphtachimie. A. 4.12.70, B. 25. 8. 72. Int. Kl.: B 01j 11/00, C 08f 1/00, 3/00, 15/00, A.-Z.: 7043628. Entspr, DTO 2160112.

GBP 1282237. Verfahren zur Herstellung von Äthylenpolymeren oder -copolymeren. Inh.: Soc. Italiana Resine S.p.A. A. 7. 12. 70, B. 19. 7. 72. Kl.: C3. P. Int. Kl.: C 08f 1/06. A.-Z.: 58106/70. Prior.: 23. 12. 69 (IT; A.-Z.: 26201). Entspr. DTO 2063190 u. FRP 2074055.

GBP 1283140. Verfahren zur Herstellung geformter Gegenstände aus Acrylnitrilpolymeren. Inh.: Chemiefaserkombinat Schwarza „Wilhelm Pieck", VEB. A. 14. 8. 70, B. 26. 7. 72. Kl.: C3.P, Int. Kl.: C 08f 1/84, 1/40, 1/80, 47/00, B 29d 7/02, D 01d 7/02. A.-Z.: 39 244/70.

JAP 7141010. Initiatoren und Emulgatoren für die wäßrige Emulsionspolymerisation von Vinylchlorid. Erf.: *Shunichi Obata, Hajime Kitamura, Fujio Sekigawa* u. *Akiyoshi Maruyama.* Inh.: Shin-Etsu Chemical Industry Co. Ltd. A. 25. 3. 68, B. 3. 12. 71. Int. Kl.: C 08f.

JAP 7200626. Kristalline Olefinpolymere. Erf.: *Tadao Iwata* u. *Juntaro Sasaki.* Inh.: Mitsui Petrochemical Industries, Ltd. A. 11. 4. 67, B. 8. 1. 72. Int. Kl.: C 08f, B 01j.

USP 3671609. Neue polymere Kompositionen. Erf.: *Martin H. Kaufman,* Inh.: The United States of America, Secretary of the Navy. A. 27. 7. 70, B. 20. 6. 72. Kl.: 260-879, Int. Kl.: C 08f 1/68, 3/20, 15/02. 5 Anspr. A,-Z.: 58699.

USP 3674766. Polymerisieren von Äthylen und ein Katalysator dafür. Erf.: *Edward H. Mottus* u. *Morris R. Ort,* Inh.: Monsanto Co., St. Louis, Mo. A. 16. 9. 68, B. 4. 7. 72. Kl.: 260-88,2, Int. Kl.: C 08f 1/32, 3/06. 23 Anspr. A.-Z.: 763485(Zus. z. Pat. m. A.-Z.: 671952. A. 2. 10. 67). A.-Z.: 671952entspr. GBP 1233600. Entspr. FRP 1585295.

DTO 1720242. Verfahren zur Polymerisation von Äthylen in einer kontinuierlichen röhrenförmigen Anlage. Erf.: *Enrico M. Cernia, Natale Ercoli Malacari, Walter Sbrolli, Guido Magnani* u. *Corrado Mancini.* Anm.: Asfalti, Bitumi, Cementi e Derivati S.p.A., Rom (IT). A. 23. 11. 67, B. 27. 7. 72. Kl.: 39b4, 3/04, Int. Kl.: C 08f 3/04. A.-Z.: P 1720242. Prior.: 23. 11. 66 (IT; A.-Z.: 43050-A-66). Entspr. CHP 479635, FRP 1548737 u. GBP 1211888.

DTO 1720758. Verfahren zur Herstellung von Polyolefinen. Erf.: *Karl Diether Keil.* Anm.: Farbwerke Hoechst AG vorm. Meister Lucius & Brüning, 6000 Frankfurt (DT). A. 7. 12. 67, B. 27. 7. 72. Kl.: 39b4, 3/06, Int. Kl.: C 08f 3/06. A.-Z.: P 1720758 (Zus. z. Anm. m. A.-Z.: P 1595666, DTO 1595666). Entspr. GBP 1249340.

DTO 1795268. Verfahren zur Polymerisation von Olefinen. Erf.: *Hans-Joachim Vetter.* Anm.: Farbwerke Hoechst AG vorm. Meister Lucius & Brüning, 6000 Frankfurt (DT). A. 30. 8. 68, B. 27. 7. 72. Kl.: 39b4, 3/06, Int. Kl.: C 08f 3/06. A.-Z.: P 1795268. Entspr. OEP 291560, u. GBP 1279994.

DTO 2205166. Verfahren zur Polymerisation eines Olefins bei hohem Druck in röhrenförmigen Reaktoren. Erf.: *Anacleto Clementi* u. *Roberto Battini.* Anm.: Snam Progetti S.p.A., Mailand (IT). A. 3. 2. 72, B. 10. 8. 72. Kl.: 39b4, 3/04, Int. Kl.: C 08f 3/04. A.-Z.: P 2051166. Prior.: 3. 2. 71 (IT; A.-Z.: 20110 A/71)

DTA 1720328. Verfahren zur Herstellung von Polymerisaten des Vinylchlorids. Erf.: *Werner Oschmann, Richard Greger, Alfred Hauß* u. *Gernot Winter.* Anm.: Badische Anilin- & Soda-Fabrik AG, 6700 Ludwigshafen (DT). A. 29. 11. 67, B. 31. 8. 72. Kl.: 39b4, 3/30, Int. Kl.: C 08f 3/30. A.-Z.: P 1720328. Entspr. FRP 1598218 u. GBP 1239588.

CHP 529178. Verfahren zur Polymerisation von Äthylen. Erf.: *Raffaele Gaspari* u. *Corrado Mancini.* Inh.: Società Italiana Resine S.p.A., Via Grazioli 33, Mailand (IT). A. 13. 11. 70. Int. Kl.: C 08f 3/04. A.-Z.: 16884/70. Prior.: 23. 12. 69 (IT; A.-Z.: 26197-A/69). Entspr. DTO 2062949, FRP 2074053 u. GBP 1281820.

FRP 2116147 (B). Verfahren und Vorrichtung zur Herstellung von Homo- oder Copolymeren des Äthylens. Inh.: Stamicarbon N. V. A. 29. 11. 71, B. 11. 8. 72. Int. Kl.: C 08f 1/00, 3/00, 15/00. A.-Z.: 7142693. Prior.: 27. 11. 70, 21. 7. 71 (NL; A.-Z.: 7017347, 7110020.) Entspr. DTO 2158568.

GBP 1281820. Verfahren zur Herstellung von Polyäthylen. Inh.: Soc. Italiana Resine S.p.A. A. 12. 11. 70, B. 19. 7. 72. Kl.: C3.P, Int. Kl.: C 08f 1/06. A.-Z.: 53986/70. Prior.: 23. 12. 69 (IT; A.-Z.: 26197).Entspr. DTO 2062949, CHP 529178, u. FRP 2074053.

JAP 7200609. Polymerisation von Äthylen und Propylen. Erf.: *Kenichi Maemoto, Musashi Sano, Yoshikazu Fujii* u. *Akio Kobayashi.* Inh.: Sumitomo Chemical Co. Ltd. A. 2. 9. 67, B. 8. 1. 72. Int. Kl.: C 08f.

CSP 146653. Verfahren zur Herstellung von Hydrogelen (Způsob výroby hydrogelů). Erf.: *Drahoslav Lim, Jiří Vacík* u. *Jindřich Kopeček.* A. 13. 6. 69, B. 28. 2. 72. Kl.: 39c, 25/01, Int. Kl.: C 08f 3/64, 3/66, A.-Z.: 4199/69. Entspr. FRP 2051003 u. GBP 1283813.

USP 3669946. Verfahren zur Herstellung von PVC durch Suspensionspolymerisation. Erf.: *Shunichi Koyanagi, Shigenobu Tajima, Toshihide Shimizu* u. *Kazuhiko Kurimoto.* Inh.: Shinetsu Chemical Co. A. 31. 8. 70, B. 13. 6. 72. Kl.: 260-87,5 R, Int. Kl.: C 08f 3/30, 1/11, 1/88. 17 Anspr. A.-Z.: 68585.

GBP 1287566. Phosphorhaltige Polymere. Inh.: British Petroleum Co. Ltd. A. 30. 9. 68, B. 31. 8. 72. Kl.: C3.P, Int. Kl.: C 08f 7/02, C 10m 1/44. A.-Z.: 46214/68.

JAP 7200610. Polymerisation von Styrolmonomeren. Erf.: *Toshimichi Kino* u. *Mototsugu Suga.* Inh.: Mitsui Toatsu Chemicals Co., Ltd. A. 28. 7. 67, B. 8. 1. 72. Int. Kl.: C 08f.

JAP 7203733. Polymerisation von Äthylen und Kohlenmonoxid. Erf.: *Tadaichi Tokuzumi* u. *Daikichi Morikawa.* Inh.: Mitsui Petrochemical Industries, Ltd. A. 6. 1. 69, B. 1. 2. 72. Int. Kl.: C 08f.

DLP 92316. Modifizierte Polymere mit ausgezeichneten technischen Eigenschaften und ein Verfahren zu ihrer Gewinnung. Erf.: *Giuseppe Ghetti* u. *Giorgio Corradini.* Inh.: SNAM Progetti S.p.A. (IT).A. 2. 9. 71, B. 5. 9. 72. Kl.: 39b4, 15/02, Int. Kl.: C 08f 15/02. A.-Z.: AP C 08f/157492 Prior.: 3. 9. 70 (IT; A.-Z.: 29298 A/70). Entspr. DTO 2143804.

DTO 1795078. Pastenextrudierbare Tetrafluoräthylen-Dispersionspolymerisate. Erf.: *Jürgen Kuhls, Helmut Hahn* u. *Alfred Steininger.* Anm.: Farbwerke Hoechst AG vorm. Meister Lucius & Brüning, 6000 Frankfurt (DT). A. 7. 8. 68, B. 3. 8. 72. Kl.: 39b4, 15/06, Int. Kl.: C 08f 15/06. A.-Z.: P 1795078. Entspr. DLP 76091, OEP 298795, FRP 2015217, GBP 1253598 u. USP 3654210.

DTO 1795620. Hochmolekulare Polymerprodukte. Erf.: *Giulio Natta, Gino DallAsta, Giorgio Mazzanti, Italo Pasquon* u. *Alberto Valvassori.* Anm.: Montecatini Edison S.p.A., Mailand (IT). A. 5. 3. 63, B. 3. 8. 72. Kl.: 39b4, 15/40, Int. Kl.: C 08f 15/40. A.-Z.: P 1795620. Prior.: 8. 3. 62 (IT; A.-Z.: 4451/62). Vgl. auch DTO 1520289. Entspr. FRP 83148 u. GBP 967788.

CHP 528550. Verfahren zur Herstellung von Acrylnitrilcopolymerisaten. Erf.: *Bernard Cornelis Roest, Jozef Lambertus Maria van der Loos* u. *Joseph Maria Wilhelmus Claassen.* Inh.: Stamicarbon N. V., van der Maesenstraat 2, Heerlen (NL). A. 30. 12. 69. Int. Kl.: C 08f 15/00, 19/00 D 01f 7/02. A.-Z.: 19489/69. Prior.: 31. 12. 68 (NL; A.-Z.: 6818848.) Entspr. DTO 1965738, FRP 2027451, GBP 1264540 u. USP 3642719.

JAP 7201776. Vinylester-Äthylen-Copolymere. Erf.: *Atsushi Takahashi* u. *Kosaku Kamio.* Inh.: Japan Carbide Industries Co. Inc. A. 11. 4. 68, B. 18. 1. 72. Int. Kl.: C 08f.

CSP 146605. Verfahren zur Herstellung neuer Polymerer und Copolymerer, die komplexgebundenes Silber oder Kupfer enthalten. Erf.: *Artur Stoy.* A. 4. 2. 69, B. 28. 2. 72. Kl.: 39c, 30, Int. Kl.: C 08f 15/02, 29/36, 29/56. A.-Z.: 699/69. Entspr. DTO 2005042.

USP 3671505. Suspensionspolymerisationsverfahren zur Herstellung elastomerer Kohlenwasserstoff-Copolymerer. Erf.: *Albert Schrage* u. *Jules Ernest Schoenberg,* Inh.: Dart Industries Inc., Los Angeles, Calif. A. 27. 6. 68, B. 20. 6. 72. Kl.: 260-80,78, Int. Kl.: C 08f 15/04, 15/40. 10 Anspr. A.-Z.: 740692. Entspr. DTO 1932383, FRP 2011741 u. GBP 1214450.

USP 3674758. Stabilisierte Tetrafluoräthylen-Fluorolefin-Copolymere mit endständigen Methylestergruppen und ein Herstellungsverfahren dafür. Erf.: *Dana Peter Carlson.* Inh.: E. I. du Pont de Nemours and Co., Wilmington, Del. A. 1. 4. 68, B. 4. 7. 72. Kl.: 260-87,5 A, Int. Kl.: C 08f 15/06. 5 Anspr. A.-Z.: 717926. Entspr. DTO 1916423 u. GBP 1231333.

DLP 92556. Verfahren zur Vernetzung von Äthylen-Vinylester-Copolymerisaten. Erf. u. Inh.: *Hans-Joachim Metzschker* u. *Wolfgang Stark.* A. 12. 10. 70, B. 12. 9. 72. Kl.: 39b4, 27/00, Int. Kl.: C 08f 27/00. A.-Z.: WP C 08f/150650.

JAP 7141009. Pfropfcopolymerisation von Äthylen-Vinylacetat-Copolymeren mit Vinylchlorid und Propylen. Erf.: *Chiro Horiuchi* u. *Teruzo Miyoshi.* Inh.: Electro Chemical Industrial Co. Ltd. A. 4. 3. 68, B. 3. 12. 71. Int. Kl.: C 08f.

JAP 7205106. Stabiles gepfropftes Polyvinylchlorid. Erf.: *Tomonori Sengoku, Shinichi Arisawa, Shunichi Shinke* u. *Kenji Naganuma*. Inh.: Japan Carbide Industries Co. Inc. A. 22. 8. 67, B. 14. 2. 72. Int. Kl.: C 08f.

SUP 345169 (Urheberschein). Verfahren zur Herstellung fluorhaltiger Polymerer. Erf.: *B. N. Gorbunov, T. I. Muchortova* u. *A. P. Chardin* Anm.: Volgogradskij politechničeskij Institut. A. 19. 12. 70, B. 14. 7. 72. Int. Kl.: C 08f 27/03. A.-Z.: 1601168/23-5.

USP 3671511. Verfahren zur Herstellung polyolefinsubstituierter Amine. Erf. u. Inh.: *Lewis R. Honnen*, 100 Sadler Lane, Petaluma, Andrewsen, Harry W., 795 Los Colindas Rd., San Rafael, u. Lindstrom, Eddie G., Martinet Calif. A. 23. 4. 70, B. 20. 6. 72. Kl.: 260-93,7, Int. Kl.: C 08f 27/08, 314, 27/02. 6 Anspr. A.-Z.: 31298.

DTO 2101151. Synthetisches Papier. Erf.: *El Sayed Aziz, Abdel Ibrahim, Horst Niermann* u. *Hannes Lindner*. Anm.: Farbenfabriken Bayer AG, 5090 Leverkusen (DT). A. 12. 1. 71, B. 3. 8. 72. Kl.: 39b4, 29/22. Int. Kl.: C 08f 29/22. A.-Z.: P 2101151. Entspr. FRP 2122227.

FRP 2120302 (B). Verträgliche Kompositionen auf Basis von Polyolefinen und Acrylvinylpolymeren. Erf.: *Elias Agouri, Raymond Catte* u. *Jean-Louis Dauba*, Inh.: Aquitaine Total Organico. A. 29. 12. 70, B. 22. 9. 72. Int. Kl.: C 08f 29/00, 1/00, 45/00. A.-Z.: 7047018. Entspr. DTO 2165367.

GBP 1282064. Farbstoffaufnahmefähigkeit von Faserstoffen. Inh.: Montecatini Edison S.p.A. A. 7. 8. 70, B. 19. 7. 72. Kl.: C3.P, Int. Kl.: C 08f 29/10. A.-Z.: 38160/70. Prior.: 11. 8. 69 (IT; A.-Z.: 20795). Entspr. DTO 2039665, FRP 2056785 u. USP 3658937.

SUP 342867 (Urheberschein). Verfahren zur Herstellung einer Polymermischung auf der Basis von Polyvinylchlorid. Erf.: *A. I. Geršenovič, L. I. Kuz'mina, V. S. Šifrina, R. M. Fajnštejn* und 4 weitere. A. 8. 8. 68, B. 22. 6. 72. Int. Kl.: C 08f 29/24. A.-Z.: 1263 995/23-5.

DTO 2064677. Schwerentflammbare Formmassen aus Styrolpolymerisaten. Erf.: *Klaus Diebel* u. *Helmut Birkner*. Anm.: Chemische Werke Hüls, AG, 4370 Marl (DT). A. 31. 12. 70, B. 27. 7. 72. Kl.: 39b4, 33/02, Int. Kl.: C 08f 33/02. A.-Z.: P 2064677. Entspr. FRP 2120813.

FRP 2120241 (B). Schmutzabweisender Weichmacher für Polymere, sein Herstellungsverfahren und seine Verwendung in Vinylpolymeren. Erf.: *Paul Motéez* u. *Régis Lejeune*. Inh.: Huiles, Goudrons & Derives. A. 19. 11. 70, B. 22. 9. 72. Int. Kl.: C 08f 45/00, C 07c 69/00. A.-Z.: 7041512.

USP 3673151 (Teil v. Pat. 3598854. A. 31. 10. 68. A.-Z.: 772368). Alkylhydroxyphenylthioalkanoat-Stabilisatoren für organische Materialien. Erf.: *David Herbert Steinberg*. Inh.: Ciba-Geigy Corp. A. 21. 9. 70, B. 27. 6. 72. Kl.: 260-45, 85, Int. Kl.: C 08f 45/58, C 08g 51/58. 3 Anspr. A.-Z.: 74202. A.-Z.: 772368 entspr. GBP 1230718.

C 08 g Polykondensations- und Polyadditionsprodukte

JAP 7205109. Polymerisation von Formaldehyd. Erf.: *Shinichi Ishida, Noboru Ooshima, Kyoichiro Mori, Koichie Matsumoto* u. *Masumasa Fujita* Inh.: Asahi Chemical Industry Co. Ltd. A. 5. 6. 68, B. 14. 2. 72. Int. Kl.: C 08g, B 01j.

DTO 1720218. Bestrahlungsbehandlung von Polyestern. Erf.: *Sharda Das. Gupta*. Anm.: Atomic Energy of Canada Ltd.. Ottawa (CA). A. 22. 6. 67, B. 27. 7. 72. Kl.: 39b5, 17/14, Int .Kl.: C 08g 17/14. A.-Z.: P 1720218. Prior.: 23. 2. 67 (CA; A.-Z.: 983592). Entspr. GBP 1129424.

GBP 1289305. Katalytisches Verfahren zur Herstellung von Copolyestern. Inh.: Imperial Chemical Industries Ltd. A. 5. 11. 69, B. 13. 9. 72. Kl.: C3.R, Int. Kl.: C 08g 17/015, D 01f 7/04. A.-Z.: 56474/68. Entspr. DTO 1959632 u. FRP 2024442.

JAP 7141026. Spezielle Katalysatoren zur Herstellung von Polyestern. Erf.: *Hidehiko Kobayashi* u. *Hiroshi Kawamoto*. Inh.: Asahi Chemical Industry Co. Ltd. A. 21. 12. 67, B. 3. 12. 71. Int. Kl.: C 08g, B 01j.

JAP 7200620. Modifizierte Polyester mit Arsonat- und Stibonatradikalen. Erf.: *Yutaka Yasuhara, Tatsuhito Tanaka, Tsuneo Hanada* u. *Tateo Nogi*. Inh.: Toray Industries, Inc. A. 15. 3. 67, B. 8. 1. 72. Int. Kl.: C 08g, D 01f.

JAP 7203740. Polypivalolactone mit guter Anfärbbarkeit. Erf.: *Takuo Nakano, Chuichi Tsutada*, u. *Yasuo Taneda*. Inh.: Teijin Ltd. A. 20. 12. 68, B. 1. 2. 72. Int. Kl.: C 08g, B 01j.

SUP 342871 (Urheberschein). Verfahren zur Herstellung von Polyestern. Erf.: *R. I. Voropaeva, L. T. Raspevakina, V. A. Morozov, N. N. Kalinin* u. 2 weitere. A. 5. 10. 70, B. 22. 6. 72. Int. Kl.: C 08g 17/017. A.-Z.: 1481502/23-5.

SUP 345173 (Urheberschein). Verfahren zur Herstellung von modifizierten Polycarbonaten. Erf.: *V. P. Belikov, I. V. Kamenskij, O. N. Kazenas* u. *S. A. Kurzaeva*. A. 26. 9. 68, B. 14. 7. 72. Int. Kl.: C 08g 17/14, 51/78. A.-Z.: 1274368/23-5.

USP 3670045. A-B-A-Blockcopolymere aus Polylactonen und Polyäthern. Erf.: *Joseph Victor Koleske, Rene Marie-Joseph Roberts* u. *Frank Paul Del Giudice*. Inh.: Union Carbide Coep., New York, N. Y. A. 30. 12. 70, B. 13. 6. 72. Kl.: 260-830 R, Int. Kl.: C 08g 45/00, C 08d 9/02. 7 Anspr. A.-Z.: 102923. Entspr. FRP 2120108.

DLP 92558. Verfahren zur Herstellung von antistatischen und/oder schmutzabweisenden und/oder gefärbten Hochpolymeren, insbesondere textilen Flächengebilden. Erf. u. Inh.: *Ellen Patitz, Gotthard Wilde* u. *Regina Fischer*. A. 15. 10. 70, B. 12. 9. 72. Kl.: 39b5, 20/38, Int. Kl.: C 08g 20/38. A.-Z.: WP C 08g/150736.

DTO 2100659. Neue Copolyamide. Erf.: *Löwhardt Adolf Albert Schoen, Sebastiaan Elisabeth Maria Kooijman*. Anm.: Stamicarbon N. V., Heerlen (NL). A. 8. 1. 71, B. 20. 7. 72. Kl.: 39b5, 20/00, Int. Kl.: C 08g 20/00. A.-Z.: P 2100659. Prior.: 10. 1. 70 (NL; A.-Z.: 7000327). Entspr. FRP 2076026.

FRP 2116712 (B). Polyamide aus Terephthalsäure und Dimethyl-3,4-hexamethylendiamin (3,4-hexaméthylène diamine). Inh.: Société des Usines Chimiques Rhône-Poulenc. A. 4. 12. 70, B. 25. 8. 72. Int. Kl.: C 08g 20/00, 53/00, C 07c 103/00. A.-Z.: 7043678. Entspr. DTO 2160116.

FRP 2111619 (B). Wäßrige Polyimid-Mischungen. Inh.: Société des Usines Chimiques Rhône-Poulenc. A. 23. 10. 70, B. 7. 7. 72. Int. Kl.: C 08g 20/00. A.-Z.: 7038362. Entspr. DTO 2152972 u. DTO 2152973.

JAP 7141023. Aus Aminosäurehydraziden hergestellte Polymere. Erf.: *Kazuo Adachi, Eiji Iwamoto* u. *Katsuya Shibata*. Inh.: Tekkosha Co. Ltd. A. 24. 11. 67, B. 3. 12. 71. Int. Kl.: C 08g.

JAP 7143097. Säuremodifizierte Polyamide. Erf.: *Takanori Shinoki, Yuzo Aido, Kiyoshi Nawata* u. *Shigeru Sasama*. Inh.: Teijin Ltd. A. 9. 8. 68, B. 20. 12. 71. Int. Kl.: C 08g.

JAP 7143098. Sultonmodifizierte Polyamide. Erf.: *Hiroyuki Moriga*. Inh.: Teijin Ltd. A. 14. 8. 68, B. 20. 12. 71. Int. Kl.: C 08g.

SUP 344646 (Urheberschein). Verfahren zur Herstellung eines Copolyamids. Erf.: *Johannes Schneider* u. *Wolfgang Pungs*. Anm.: Dynamit Nobe lAG (DT). A. 16. 9. 70, B. 7. 7. 72. Int. K..: C 08g 20/20. A.-Z.: 1479667/23-5.

SUP 345175 (Urheberschein). Verfahren zur Herstellung von Polymeren mit Heteroketten. Erf.: *V. Z. Nikonov* u. *L. B. Sokolov*, A. 8. 6. 70, B. 14. 7. 72. Int. Kl.: C 08g 20/22, 17/05. A.-Z.: 1447024/23-5.

CSP 146622. Verfahren zur Herstellung von Lactampolymeren mit geringerer Kristallinität. Erf.: *Jan Šebenda* u. *Rudolf Puffr*. A. 18. 3. 69, B. 28. 2. 72. Kl.: 39c, 10, Int. Kl.: C 08g 20/10. A. -Z.: 1933/69. Entspr. DTO 2012105.

USP 3669938. Entfernung von flüchtigen Substanzen aus Polyamiden. Erf.: *Raghunath V. Date* u. *George R. Furness*. Inh.: Celanese Corp., New York, N. Y. A. 17. 3. 70, B. 13. 6. 72. Kl.: 260-78 R, Int. Kl.: C 08g 20/20. 2 Anspr. A.-Z.: 20393. Entspr. DTO 2112469 u. GBP 1281494.

USP 3671493. Fluorkohlenwasserstoffhaltige Verbindungen und Verfahren, um Textilien, Papier, Leder und ähnlichem öl- und wasserabweisende Eigenschaften zu verleihen. Erf. u. Inh.: *Sergio Lo Monaco*, Piazzale Roma 13, Vicenza; *Alfredo Guerrato*, Via Panisacco 2; *Dario Fabbro*, Via Verdis 3, Trissino; u. *Graziello Donadello*, Via S. Christoforo 9B, Valdagno (IT). A. 7. 4. 70, B. 20. 6. 72. Kl.: 260-75 NH, Int. Kl.: C 08g 22/04 53/16, D 06m 15/52. 6 Anspr. A.-Z.: 26263. Prior.: 6. 4. 69 (IT; A.-Z.: 51444 A/69). Entspr. DTO 2018365.

DTO 2102810. Lineare Polyalkylalumoxane und Verfahren zu deren Herstellung. Erf. u. Anm.: *Sacharowskaja geb. Iwanowa, Galina Borisowna; Nikolaj Nikolajewitsch Kornjejew, Alexandr Ferapindowitsch Popow, Snegowa geb. Kamaletdinowa, Swetlana Schianschewan* u. 2 weitere, Moskau (SU). A. 21. 1. 71, B. 3. 8. 72. Kl.: 39b5, 33/20, Int. Kl.: C 08g 33/20. A.-Z.: P 2102810.

CHP 528565. Härtbares Gemisch und dessen Verwendung zur Herstellung von Formkörpern. Erf.: *Kjeld Holbek*, Inh.: I/S Kähler & Co., Hedehusene (DK). A.29. 1. 70. Int. Kl.: C 08g 37/08, 53/00. A.-Z.: 1271/70. Prior.: 30. 1. 69 (DK; A.-Z.: 496/69).

JAP 7124541. Antistatische Polyamidkompositionen. Erf.: *Kaoru Okazaki* u. *Yoichi Shimokawa*, Inh.: Toray Industries Inc. A. 29. 11. 66, B. 14. 7. 71 Int. Kl.: C 08g, k, D 01f. A.-Z.: 6677715. Entspr. FRP 1550292, GBP 1214484 u. USP 3514498.

FRP 2117092 (B). Stabilisatoren für Polymere sowie Verfahren zu deren Herstellung. Inh.: Societa' Italiana Resine S.p.A. A. 10. 11. 71, B. 25. 8. 72. Int. Kl.: C 08k 1/00, C 08g 41/00. A.-Z.: 7140392. Prior.: 12. 11. 70 (IT: A.-Z.: 31633). Entspr. DTO 2156074.

Sektion D. Textilien und Papier

TEXTILIEN

D 01 Natürliche oder künstliche Fäden oder Fasern; Spinnen

D 01b Mechanische Behandlung von natürlich faserigen oder fadenförmigen Stoffen zur Gewinnung von Fasern oder Fäden, z. B. zum Verspinnen

SUP 342952 (Urheberschein). Ausscheidungskammer eines pneumatischen Reinigers für Baumwollsamen. Erf.: *R. F. Beljalov, V. N. Gerasimčuk, V. D. Dergunov, S. P. Ivanov* u. 4 weitere. Anm.: Gosudarstvennoe special'noe konstruktorskoe Bjuro po Chlopkoocistke, u. Central'nyj naučno-issledovatel'skij Institut chlopkovoj Promyšlennosti. A. 1. 7. 67, B. 22. 6. 72. Int. Kl.: D 01b 1/02. A.-Z.: 1171328/28-12.

SUP 342953 (Urheberschein). Walzen-Faserabscheidevorrichtung. Erf.: *G. I. Mirošničenko, P. N. Tjutin, R. V. Korabel'nikov* u. *D. Jakubov*. Anm.: Taškentskij Institut tekstil'noj i legkoj Promyšlennosti. A. 7. 12. 70, B. 22. 6. 72. Int. Kl.: D 01b 1/06. A.-Z.: 1497504/28-12.

SUP 342956 (Urheberschein). Vorrichtung zum Einbringen von Nadeln in die Öffnungen zylindrischer Körper für die Textilindustrie. Erf.: *S. I. Povalichin* A. 16. 10. 70, B. 22. 6. 72. Int. Kl.: D 01b 5/02. D 01g 19/06. A.-Z.: 1485843/28-12.

D 01c Chemische Behandlung von natürlichen fadenförmigen oder faserigen Stoffen zur Gewinnung von Fäden oder Fasern zum Verspinnen; Karbonisieren von Lumpen zur Rückgewinnung tierischer Fasern

FRP 2115781 (B.) Verfahren zur Herstellung von Faserstoffen aus Stengeln liberianischer Herkunft. Erf.: *Pál Kerékgyárto, József Sármány* u. *Kálmán Nagy*. Inh.: Textilipari Kutato Intezet. A. 9. 7. 71, B. 11. 8. 72. Int. Kl.: D 01c 1/00. A.-Z.: 7125277. Prior.: 23. 11. 70 (HU: A.-Z.: TE-596).

FRP 2121053 (B.). Verfahren zum einwandfreien Entfetten von vorbereiteter Wolle. Inh.: Richter Gedeon Vegyeszeti Gyar RT. A. 29. 12. 71, B. 22. 9. 72. Int. Kl.: D 01c 3/00. A.-Z.: 7147222. Prior.: 30. 12. 70 (HU; A.-Z.: RI 416)

D 01d Mechanisches Verfahren und Vorrichtungen für die Herstellung von künstlichen Fäden. Gespinsten, Fasern, Borsten oder Bändern

GBP 1291966. Schmelzspinnvorrichtung. Inh.: Akzo N. V. A. 19. 4. 71, B. 4. 10. 72. Kl.: B5.B, Int. Kl.: D 01d 3/00, 5/22. A.-Z.: 26371/71. Prior.: 8. 4. 70 (NL; A.-Z.: 7004994, 7004996). Entspr. DTO 2117130.

DTO 1660327. Spinnreckverfahren für Polyesterfäden. Erf.: *Günther Bauer, Karl Heinrich* u. *Otto Pfannenschmid*. Anm.: Farbwerke Hoechst AG vorm. Meister Lucius & Brüning, 6230 Frankfurt-Höchst (DT). A. 31. 8. 67, B. 27. 7. 72. Kl.: 29a, 6/31, Int. Kl.: D 01d 5/12. A.-Z.: P 1660327 (F 53370). Entspr. DLP 70339, OEP 293597, CHP 487267 u. GBP 1180329.

GBP 1288673. Verfahren zur Herstellung eines thermoplastischen synthetischen Garns mit latenter Kräuselung und das dabei erhaltene Garn Inh.: Bemberg S.p.A. A. 29. 4. 70, B. 13. 9. 72. Kl.: B5.5, Int. Kl.: D 01d 5/22, D 01f 7/06. A.-Z.: 20500/70. Prior.: 19. 5. 69 (IT; A.-Z.: 16977). Entspr. DTO 2021252, FRP 2047833 u. USP 3673650.

SUP 342959 (Urheberschein). Vorrichtung zur Herstellung von Fasern mit veränderlicher Feinheit für die Kunstseidenspinnmaschine. Erf.: *I. G. Šimko, P. A. Golubkin, S. P. Lipinskij, L. B. Finkel'stejn* u. 11 weitere. A. 24. 11. 70, B. 22. 6. 72. Int. Kl.: D 01d 5/20. A.-Z.: 1493215/28-12.

USP 3671619. Kräuselungsrückhalteprozeß. Erf.: *Warren E. Fitzgerald, John P. Knudsen* u. *Jessie O. Brock*. Inh.: Monsanto Co., St. Louis, Mo. A. 8. 3. 67, B. 20. 6. 72. Kl.: 264-168. Int. Kl.: D 01d 5/22. 8 Anspr. A.-Z.: 621650 (Zus. z. Pat. m. A.-Z.: 331890. A. 19. 12. 63). A.-Z.: 331890 entspr. DTO 1435590, CHP 444369, FRP 1417824 u. GBP 1050508.

GBP 1288231. Verfahren zur Erzielung einer Antriebsverbindung ohne Schlupf zwischen einem Garn und einer Reckwalze in Reck-Zwirn- oder Reck-Aufwinde-Maschinen. Inh.: VEB Spinn- und Zwirnereimaschinenbau Karl-Marx-Stadt. A. 26. 8. 69, B. 6. 9. 72. Kl.: D1.F, Int. Kl.: D 01h 13/32, D 01d 9/08. A.-Z.: 42369/69.

DLP 92770. Einzugswalze, insbesondere für Stauch-Kräuselaggregate. Erf. u. Inh.: *Lutz Brenner* u. *Wolfgang Gerhardt*. A. 3. 9. 71, B. 20. 9. 72. Kl.: 29a, 6/06, Int. Kl.: D 01d 13/02, D 02g 1/12. A.-Z.: WP D 01d/157 510.

JAP 7120263. Anfärbbare Polypropylen-Kompositionen. Erf.: *Takao Ohseki, Masahiko Watanabe, Sunichi Takashima* u. *Masao Kawajima*. Inh.: Mitsubishi Rayon Co. Ltd. A. 17. 1. 68, B. 7. 6. 71. Int. Kl.: C 08f, D 01d, f. A.-Z.: 682096.

DLP 92299. Verfahren zur Regenerierung von Spinnbädern der Viskosefaserindustrie. Erf. u. Inh.: *Martin Meinhardt, Horst Proksch* u. *Klaus Gillmeister*. A. 23. 9. 71, B. 5. 9. 72. Kl.: 29b, 3/20, Int. Kl.: D 01f 3/30, D 01d 5/18. A.-Z.: WP 01f/157919.

D 01f Chemische Gesichtspunkte bei der Herstellung von künstlichen Fäden, Gespinsten, Fasern, Borsten oder Bändern

GBP 1283529. Verfahren zur Herstellung schlauchförmiger Fäden aus Regeneratcellulose. Inh.: Courtaulds Ltd. A. 19. 12. 69, B. 26. 7. 72. Kl.: B5.B, Int. Kl.: D 01f 3/12. A.-Z.: 60676/68. Entspr. FRP 2026714 u. USP 3626045.

USP 3670069. Verfahren zum Erspinnen von Hydroxyäthylcellulosefasern mit hoher Wasseradsorption und hohem Wasserrückhaltevermögen. Erf.: *Reid L. Mitchell, Thomas E. Muller, Hugh D. Stevens* u. *Robert S. Tabke*. Inh.: International Telephone and Telegraph Corp., New York, N. Y. A. 15. 9. 69, B. 13. 6. 72. Kl.: 264-187, Int. Kl.: D 01f 3/00. 1 Anspr. A.-Z.: 858573. Entspr. DTO 2042918, CHP 527921 u. FRP 2061368.

DLP 92773. Konjugierte Fasern und Fäden mit verbesserten Eigenschaften und Verfahren zu ihrer Herstellung. Erf.: *Luigi Ciceri, Renato Chrosta* u. *Giorgio della Fortuna*. Inh.: Snam Progetti S.p.A. (IT). A. 1. 11. 71. B. 20. 9. 72. Kl.: 29b, 3/60, Int. Kl.: D 01f 7/04, D 01d 5/28, 5/22. A.-Z.: AP D 01f/158687. Prior.: 2. 11. 70 (IT; A.-Z.: 31262 A/70). Entspr. DTO 2154456 u. FRP 2113385.

GBP 1288563. Carboxylat-Acrylfasern. Inh.: Courtaulds Ltd. A. 19. 1. 70, B. 13. 9. 72. Kl.: B5.B, Int. Kl.: D 01f 7/02, A.-Z.: 3067/69. Entspr. CHP 522049 u. FRP 2028740.

JAP 7122889. Verbundfäden aus vernetzbarem Acrylnitrilcopolymeren und Acrylnitril. Erf.: *Munefumi Yoshitake, Masakazu Yasui* u. *Masaharu Shimamura*. Inh.: Toray Industries, Inc. A. 29. 8. 68, B. 30. 6. 71. Int. Kl.: D 01f, C 08f. A.-Z.: 6861458.

USP 3669934 (ausgesch. aus Pat. 3536803. A. 26. 5. 64. A.-Z.: 370371, S. 296/71). Verbesserte elastomere Fasern. Erf.: *Martin Eden Epstein, Arnold Joseph Rosenthal* u. *Joseph Germano Santangelo*. Inh.: Celanes Corp. of America, New York, N. Y. A. 9. 3. 70, B. 13. 6. 72. Kl.: 260-77,5 SP, Int. Kl.: D 01f 7/06, D 02j 1/12. 2 Anspr. A.-Z.: 22732. Entspr. DTO 1494566, FRP 1440250 u. GBP 1104667.

D 02 Garne; mechanische Veredlung von Garnen oder Seilen; Schären oder Bäumen

D 02g Kräuseln oder Krimpfen (Texturieren) von Fasern, Fäden, Zwirnen oder Garnen; Garne oder Zwirne

DTO 1660482. Verfahren zum Herstellen hochelastischen Kräuselgarns. Erf.: *Kenzo Kosaka, Masami Tsunewaki, Nobuaki Yonekura, Tsutomu Okaya, Ken Mimatsu, Aichi Toyohashi* u. *Tatsujiro Mori*. Anm.: Mitsubishi Rayon Co., Ltd., Tokio (JA). A. 2. 8. 66, B. 27. 7. 72. Kl.: 29a, 6/20, Int. Kl.: D 02g 1/00. A.-Z.: P 1660482 (M 70434). Prior.: 5. 8. 65, 9. 8. 65 (JA; A.-Z.: 40/47 165, 40/48370). Entspr. GBP 1165753 u. USP 3446005.

DTO 2107193. Vorrichtung zur Friktionskräuselung synthetischer Endlosfäden mittels umlaufender Scheiben. Erf.: *Otto Lang*. Anm.: Kugelfischer Georg Schäfer & Co., 8720 Schweinfurt (DT). A. 15. 2. 71, B. 31. 8. 72. Kl.: 29a, 6/20, Int. Kl.: D 02g 1/02. A.-Z.: P 2107193 (Zus. z. Anm. m. A.-Z.: P 1931207, DTO 1931207. Entspr. DLP 86902, CHP 525296, FRP 2046937, GBP 1255317 u. USP 3668853.

OEP 303950. Verfahren und Vorrichtung zum Kräuseln von Fäden. Inh,: Bayer AG, Leverkusen (DT). A. 28. 10. 68, B. 15. 4. 72. Kl.: 29a, 7/08, Int. Kl.: D 02g 1/16. A.-Z.: A 10475/68. Prior.: 16. 11. 67 (DT; A.-Z.: P 1660332, DTO 1660332. Entspr. CHP 501746, CHP 505924, FRP 1592644 u. USP 3548469.

GPB 1287737. Verfahren zum Zwirnen von Garnen (Method of imparting twist to yarns). Inh.: Tassell, C. W. A. 26. 11. 68, B. 6. 9. 72. Kl.: D1F, Int. Kl.: D 02g 1/02. A.-Z.: 55924/68.

SUP 342968 (Urheberschein). Vorrichtung zur Bildung von voluminösen Schlingfäden. Erf.: *I. G. Al'tman, B. V. Kaušanskij, V. Ja Golopapenko* u. *Ju. Ju. Vesel'j*. Anm.: Černigovskij Kombinat sinteticeskich Volokon. A. 29. 4. 68, B. 22. 6. 72. Int. Kl.: D 02g 1/16. A.-Z.: 1236092/28-12.

USP 3668855. Zwirnvorrichtung und Verfahren zum Zwirnen. Erf.: *Richmond T. Leeson* u. *Hans H. Richter*. Inh.: Leesona Corp., Warwick, R. I. A. 22. 6. 70, B. 13. 6. 72. Kl.: 57-77,4, Int. Kl.: D 02g 1/02, 1/04. 28 Anspr. A.-Z.: 48167. Entspr. DTO 2130960 u. FRP.2112897.

USP 3672947. Verfahren zum Texturieren von Garnen. Erf.: *Paul Luscher, Ben A. Hudson* u. *Billie W. Childers*. Inh.: PPG Industries Inc., Pittsburgh, Pa. A. 29. 10. 69, B. 27. 6. 72. Kl.: 117-104, Int. Kl.: B 44d 1/08. 5 Anspr. A.-Z.: 87205. Entspr. DTO 2052742 u. FRP 2066526.

GBP 1282879. Verfahren zur Herstellung von Papiergarnen. Inh.: Courtaulds Ltd. A. 4. 12. 69, B. 26. 7. 72 . Kl.: D1.F, Int. Kl.: D 02g 3/08. A.-Z.: 57917/68.

PAPIER

D 21 Papierherstellung; Gewinnung von Cellulose bzw. Zellstoff

D 21c Gewinnung von Cellulose durch Abscheiden nichtcelluloseartiger Substanzen von cellulosehaltigen Stoffen; Wiedergewinnung der Zellstoffablaugen; Vorrichtungen dafür

SWP 349074. Verfahren zum Regeln der Kappa-Zahl beim Sulfataufschluß. Erf.: *K.-E. B. Fagerlund, G. A. Lundkvist*, u. *K. V. Oja*. Inh.: Aktiebolaget Statens Skogsindustrier, Stockholm (SW). A. 31. 3. 71, B. 18. 9. 72. Int. Kl.: D 21c 3/02. A.-Z.: 4152/71.

FRP 2120377. Bleichen von Zellstoffen. Erf.: *Pierre Monzie, Christian de Choudens* u. *Claude Garrigues*. Inh.: Société Nationale des Petroles d'Aquitaine. A. 31. 12. 70, B. 22. 9. 72. Int. Kl.: D 21c 9/00, C 08b 1/00, 9/00. A.-Z.: 7047445.

SUP 344054 (Urheberschein). Verfahren zur Entholzung von pflanzlichem Rohstoff. Erf.: *L. O. Ioffe, V. V. Sergeeva*. Anm.: Vsesojuznyj naučno-issledovatel'skij Institut celljulozno-bumažnoj Promyšlennosti. A. 18. 12. 70, B. 7. 7. 72. Int. Kl.: D 21c 9/18. A.-Z.: 1601794/29-33.

USP 3674630. System zur Rückgewinnung von Kochlauge mit voneinander getrennten Oxydations- und Reduktionsstufen. Erf.: *George G. Copeland*. Inh.: Copeland Systems, Inc., Oak Brook, Ill. A. 14. 11. 69, B. 4. 7. 72. Kl.: 162-30, Int. Kl.: D 21c 11/12. 8 Anspr. A.-Z.: 876727.

Sektion G, Physik

G 01 Messen; Prüfen

G 01n Untersuchen der chemischen oder physikalischen Eigenschaften von Stoffen

SUP 345407 (Urheberschein). Gerät zur Prüfung von Polymermaterialien auf Frostbeständigkeit. Erf. *B. L. Babickij*, u. *E. S. Bruck*. Anm.: Vsesojuznyj naučno-issledovatel'skij Institut železnodorožnogo Transporta. A. 27. 10. 69, B. 14. 7. 72. Int. Kl.: G 01n 3/20. A.-Z.: 1373997/23-5.

SUP 345412 (Urheberschein). Verfahren zur Reibkraftbestimmung polymerer Stoffe. Erf.: *N. N. Vinogrado, Ju. G. Želsyšev, A. S. Gubin* u. *K. G. Kuznecov*. A. 4. 11. 67, B. 14. 7. 72. Int. Kl.: G 01n 3/56. A.-Z.: 1199222/23-5.

SUP 345420 (Urheberschein). Verfahren zur quantitativen Bestimmung von Acrylnitril in der Luft. Erf.: *A. A. Russkich*. A. 22. 7. 69, B. 14. 7. 72. Int. Kl.: G 01n 21/24, 31/00. A.-Z.: 1350811/23-4.

Literaturschau

Auszug aus Lieferung 7 und 8/1973 der Literaturschau „Faserstoffe und Textiltechnik", zusammengestellt von der Abteilung Information und Dokumentation des Instituts für Polymerenchemie der AdW der DDR, 153 Teltow-Seehof, Kants·r. 55

I. Wissenschaftliche Grundlagen

Allgemeines

(Untersuchungsmethoden u. a.)

Gruber, E., Sezen, C., Schurz, J.: Ein Fallkugelviskosimeter mit geneigtem Rohr für sehr kleine Probenmengen. Angew. makromol. Chemie, Basel 28 (1973) S. 57 – 73. (dt.)

Enoksson, B.: Ein Doppelzylinder-Koaxial-Rotationsviskosimeter. Rheologica Acta, Darmstadt 11 (1972) 3/4, S. 275 – 285. (engl.).

Physik und Chemie der Hochpolymeren

Johnston, H. Kirk, Sourirajan, S.: Mark/Houwink-Konstanten für einige Systeme aus Celluloseacetat und organischen Lösungsmitteln. J. appl. Polymer Sci 16 (1972) 12, S. 3375 – 3380.

Ting, R. Y.: Über den Mechanismus der Reibungsverminderung. Auf ein Perlen-Feder-Modell gegründete viskoelastische Auswertung. J. appl. Polymer Sci. 16 (1972) 12, S. 3169 – 3184.

Vial, J.: Einfluß der Art des Lösens eines Copolymeren in einer binären Lösungsmittel/Nichtlösungsmittel-Mischung auf die Viskosität. J. Polymer Sci., C: Polymer Symposia (1972) 39, S. 191 – 197. (franz.).

Yamakawa, H., Yamaki, J.-I.: Translations-Diffusionskoeffizienten von eben-polygonalen Polymeren. Anwendung des modifizierten Oseen-Tensors. J. chem. Physics 57 (1972) 4 (Teil 1), S. 1542 – 1546.

Budtov, V. P.: Zum Einfluß des Fluktuationsnetzes von „Verhakungen" auf die Diffusionsbewegung von Kettenmolekülen. Vysokomol. Soed. (Hochmol. Verbind.) Serie B: Kratkie Soobšč. (Kurzmitt.) 15 (1973) 1, S. 4 – 5.

Pavlova, S. A., Dubrovina, L. V., Vasil'eva, Ju. M.: Verteilung der relativen Molekülmassen von Polykondensationsprodukten bei Austauschreaktionen. Vysokomol. Soed. (Hochmol. Verbind.) Serie A 15 (1973) 2, S. 342 bis 348.

Sláma, Z., Majer, J.: Einfluß der relativen Molekülmasse und der Wahl des Polymerisationskatalysators auf die thermooxydative Beständigkeit von Poly-2,6-dimethyl-1,4-phenylenoxid. Chem. Prům., Praha (Chem. Ind.) 23(48) (1973) 2, S. 85 – 87.

Blair, H. S.; Cromie, R.: Spektroskopische Untersuchung von Cellulose, abgebauter Cellulose und ihren Phenylhydrazinderivaten im Hinblick auf die Bestimmung des Abbaugrades. J. appl. Polymer Sci. 16 (1972) 12, S. 3063 – 3071.

Nishioka, A, Goto, K., Kambe, M., Udagawa, K. Kambe, S., Nishizawa, K., Watanabe, S.: KMR-Analyse der Doppelbindungen in geschmolzenem Polyäthylen. Kobunshi Kagaku, Tokyo (Chem. High Polymers) 29 (1972) 330(10), S. 673 – 685. (jap.; engl. Zusammenfass.).

Udipi, K., Harwood, H.J., Friebolin, H., Cantow, H.-J.: Kernmagnetische Resonanz der Methin- und α-Methylgruppe in Methylacrylat-Methacrylnitril-Copolymeren. Makromol. Chemie 164 (1973) S. 283 – 294. (engl.).

Willenberg, B., Sillescu, H.: KMR-Untersuchung der Lösungsmittelbeweglichkeit in Benzollösungen von Polymethylmethacrylat. Ber. Bunsenges. physik. Chemie 77 (1973) 2, S. 95 – 97.

Ravey, J.-C.: Lcihtstreuung durch anisotrope Teilchen. II. Depolarisierte und anisodiametrische Bestandteile von nichtorientierten streuenden Teilchen mit einer Drehachse. III. Durch ein elektrisches Feld orientierte Teilchen und Kleinwinkelstreudiagramme. European Polymer J. 9 (1973) 1, S. 47 – 56; 57 – 69. (franz.).

Dautzenberg, H.: Lichtstreuungsuntersuchungen an mäßig konzentrierten Lösungen. J. Polymer Sci., C: Polymer Symposia (1972) 39, S. 123–131.
Scholte, Th. G.: Lichtstreuung von konzentrierten polydispersen Polymerlösungen. J. Polymer Sci., C: Polymer Symposia (1972) 39, S. 281–291.
Gal'perin, E. L., Ščetnev, Ju. F., Vercner, V. N.: Anwendung der Niederspannungs-Elektronenmikrokopie für die Untersuchung der Struktur orientierter kristalliner Polymerer. Vysokomol. Soed. (Hochmol. Verbind.) Serie B: Kratkie Soobšč. (Kurzmitt.) 15 (1973) 1, S. 38–40.
Miyagi, A., Wunderlich, B.: Ätzen von kristallinem Polyäthylenterephthalat durch Hydrolyse. J. Polymer Sci.: Polymer Physics 10 (1072) 10, S. 2073–2083.
Kratky, O.: Röntgenkleinwinkelstreuung zur Erforschung von Faserfeinstrukturen. Lenzinger Ber., Lenzing/Österr. (1972) 34, S. 9–20. 30 Abb., 8 Lit.
Bol'bit, N. M., Ginzburg, B. M., Kurbanov, K. B., Tuj'čiev, Š., Frenkel', S. Ja.: Über die Veränderung der Intesität des Kleinwinkelröntgenreflexes nach der Pfropfung eines anderen Polymeren auf orientierte Fäden als eine neue Methode zur Beurteilung der Dichte von interfi)rillaren amorphen Bereichen. Vysokomol. Soed. (Hochmol. Verbind.) Serie A 15 (1973) 2, S. 427–431.
Buntjakov, A. S., Aver'janova, V. M. (Schreibw. i. Orig.: *Averyanova, V. M.*): Die Struktur von Lösungen und Filmen von Celluloseacetat. J. Polymer Sci., C: Polymer Symposia (1972) 38, S. 109–120.
Ponížil, F.: Strukturänderungen von Polyvinylchloridteilchen. J. Polymer Sci., C: Polymer Symposia (1972) 38, S. 437–442.
Hinrichsen, G.: Strukturänderungen von gerecktem Polyacrylnitril während des Temperns. J. Polymer Sci., C: Polymer Symposia (1972) 38, S. 303 bis 314.
Steidl, J., Pelzbauer, Z.: Strukturänderungen während der Deformation von hoch- und niedermolekularem Polyäthylen. J. Polymer Sci., C: Polymer Symposia (1972) 38, S. 345–356.
Duckett, R. A., Goswami, B. C., Ward, I. M.: Molekulare Umorientierung in Polypropylen. J. Polymer Sci.: Polymer Physics 10 (1972) 11, S. 2167 bis 2172.
Máša, Z., Biroš, J., Pouchlý, J.: Über die Struktur und Eigenschaften von Vinylpolymeren und ihren Modellen. XV. Einfriertemperatur im Sysem Polystyrol/Verdünnungsmittel. Coll. czechoslov. chem. Commun. 38 (9173) 1, S. 201–207.
Šarkov, V. I., Levanova, V. P., Bolotova, A. K.: Untersuchung der übermolekularen Struktur der Cellulose. Cellulose Chem. Technology, Jassy/Rum. 6 (1972) 3, S. 263–276. (russ.).
Benedetti, E., Ciajolo, M. R., Corradini, P.: Modellverbindungen für Polyamide. I. Die Kristallstruktur von N,N'-Diäthyladipinamid. European Polymer J. 9 (1973) 1, S. 101–109.
Hölzl, K., Schmid, Ch.: Green'sche Funktion für Phononen bei Polymerketten, I. Behandlung der Konformationsdefekte. J. Polymer Sci.: Polymer Physics 10 (1972) 10, S. 1853–1880.
Luisi, P. L., Bonsignori, O.: Konformationsgleichgewicht bei isotaktischen Copolymeren von enantiomeren α-Olefinen. J. chem. Physics 56 (1972) 9 (Teil 1), S. 4298–4302.
Gaturov, U. G.: Der molekulare Mechanismus der Festigkeitserhöhung kristalliner Polymerer bei der Orientierung. Lenzinger Ber., Lenzing/Österr. (1972) 34, S. 208–213.
Goffin, A., Dosiere, M., Point, J. J., Gilliot, M.: Anisotropie der physikochemischen Eigenschaften von einzeln texturierten Polymerproben in Beziehung zur Morphologie. J. Polymer Sci., C: Polymer Symposia (1972) 38, S. 135–165.
Kireenko, O. Ph., Maričin, V. A., Mjasnikova, L. P., Regel, V. R. (Schreibw. i. Orig.: *Marichin, V. A., Miasnikova, L. P*): Polymermorphologie und Mechanismus der Makrorißfortpflanzung auf Bruchoberflächen. J. Polymer Sci., C: Polymer Symposia (1972) 38, S. 363–373.
Lednicky, F., Pelzbauer, Z.: Morphologie der Bruchoberflächenschicht von Polymethylmethacrylat und der Bruchmechanismus. J. Polymer Sci., C: Polymer Symposia (1972) 38, S. 357–386.
Máša, Z., Biroš, J., Trekoval, J., Pouchly, J.: Spezifische Wechselwirkungen in Polymerlösungen. IV. Kalorimetrische Untersuchung von Butylmethacrylatoligomeren in Chloroform. J. Polymer Sci., C: Polymer Symposia (1972) 39, S. 219–239.
Overbergh, N., Berghmans, H., Smets, G.: Einfluß der thermischen Vergangenheit auf das Schmelzverhalten von isotaktischem Polystyrol. J. Polymer Sci., C: Polymer Symposia (1972) 38, S. 237–250.
Burmester, A. F., Dreyfuss, P., Geil, P., Keller, A.: Über das Tempern von Polyamidkristallmatten. J. Polymer Sci.: Polymer Letters 10 (1972) 10, S. 769–775.
Baba, Y., Yukihisa, F., Kagemoto, A.: Bestimmung der thermischen Eigenschaften des Systems ataktisches Polystyrol/Äthylmethylketon durch modifizierte Differentialthermoanalyse. Makromol. Chemie 164 (1973) S. 349–351 (engl.).
Saito, T., Yamaguchi, K.: Thermisches und oxydatives Abbauverhalten von chlorierten Polyäthylenen. Kobunshi Kagaku, Tokyo (Chem. High Polymers) 29 (1972) 33(10), S. 728–732 (jap.; engl. Zusammenfass.).
Philipp, B., Baudisch, J., Stöhr, W.: Zum Einfluß einiger chemischer Faktoren auf den thermischen Abbau der Cellulose. Cellulose Chem. Technology, Jassy/Rum. 6 (1972) 4, S. 379–392 (dt.).
Still, R. H., Whitehead, A.: Thermischer Abbau von Polymeren. VI. Vakuumpyrolyse von Poly(p-N,N-dimethylaminostyrol). Der Rückstand und die bei Pyrolysetemperatur flüchtige, bei Zimmertemperatur nicht flüchtige Fraktion. J. appl. Polymer Sci. 16 (1972) 12, S. 3223–3236.
Dayantis, J.: Aus der Theorie des freien Volumens hergeleitete Mischungsentropie von Polymeren und Lösungsmitteln. J. Polymer Sci., C: Polymer Symposia (1972) 39, S. 35–41.
Kaino, T.: Verzögerung der Entflammbarkeit von Polyäthylen und deren Mechanismus. Kobunshi Kagaku, Tokyo (Chem. High Polymers) 29 (1972) 330(10), S. 733–737 (jap.; engl. Zusammenfass.).
Štamberg, J., Gregor, H. P.: Synthese und Eigenschaften von Quecksilber-Polyelektrolyten. Faserforsch. u. Textiltechnik 24 (1973) 3, S. 101–105.
Tanaka, A., Uemura, S., Ishida, Y.: Dielektrische Absorption des aus drei kristallinen cyclischen Formaldehydoligomeren durch strahlungsinduzierte Polymerisation erhaltenen Polyoxymethylens. J. Polymer Sci.: Polymer Physics 10 (1972) 10, S. 2093–2096.
Purz, H.-J.: Morphologische Untersuchungen der geordneten Gelbildung in Polyelektrolyten. J. Polymer Sci., C: Polymer Symposia (1972) 38, S. 405–417.
Baldrian, J., Pelzbauer, Z.: Morphologische Veränderungen während des Temperns von doppelt orientiertem Polycaprolactam. J. Polymer Sci., C: Polymer Symposia (1972) 38, S. 289–301.
Kozlowski, W.: Kinetik der Kristallisation von Polyamid-6 aus dem glasartigen Zustand. J. Polymer Sci., C: Polymer Symposia (1972) 38, S. 47 bis 59.
Pennings, A. J., Schouteten, C. J. H., Kiel, A. M.: Hydrodynamisch induzierte Kristallisation von Polymeren aus der Lösung. V. Zugelastische Eigenschaften von fibrillaren Polyäthylenkristallen. J. Polymer Sci., C: Polymer Symposia (1972) 38, S. 167–193.
Lemstra, P. J., Schouten, A. J., Challa, G.: Unterdrückung der Umkristallisation von Einkristallen des isotaktischen Polystyrols durch chemisches Modifizieren. J. Polymer Sci.: Polymer Physics 10 (1972) 11, S. 2301 bis 2304.
Petraccone, V., Allegra, G., Corradini, P.: Berechnung der minimalen potentiellen Energie von Faltungen und Kinks in Polyäthylenkristallen. J. Polymer Sci., C: Polymer Symposia (1972) 38, S. 419–427.
Bonner, D. C., Bellemans, A., Prausnitz, J. M.: Eine bei hoher und niedriger Dichte anwendbare Verteilungsfunktion für Kettenmoleküle. J. Polymer Sci., C: Polymer Symposia (1972) 39, S. 1–9.
Gleiter, H., Petermann, J.: Deformation von „substratfreien" Polyäthyleneinkristallen. J. Polymer Sci.: Polymer Letters 10 (1972) 11, S. 877–881.
Hürlimann, H. P., Knappe, W.: Der Zusammenhang zwischen der Dehnspannung von Kunststoffschmelzen im Düseneinlauf und im Schmelzbruch. Rheologica Acta, Darmstadt 11 (1972) 3/4, S. 292–301. (engl.).
Pakula, T., Kryszewski, M.: Eine Untersuchung des Dehnungsverhältnisses von deformierten Sphärolithen. J. Polymer Sci., C: Polymer Symposia (1972) 38, S. 87–96.
Funatsu, K., Mori, Y.: Theorie zur Messung der Materialfunktionen bei ringförmiger Strömung. Kobunshi Kagaku, Tokyo (Chem. High Polymers) 29 (1972) 330 (10), S. 700–703. (jap.; engl. Zusammenfass.).
Funatsu, K., Mori, Y.: Experimentelle Untersuchungen zur Messung der Materialfunktionen bei ringförmiger Strömung. Kobunshi Kagaku, Tokyo (Chem. High Polymers) 29 (1972) 330(10), S. 704–708. (jap.; engl. Zusammenfass.).
Vinogradov, G. V., Pokrovskij, V. H., Janovskij, Ju. G. (Schreibw. i. Orig.: *Pokrovsky, V. H., Yanovsky, Yu, G.*): Theorie des viskoelastischen Verhaltens von linearen Polymeren in molekulareinheitlicher Näherung und ihre experimentelle Verifizierung. Rheologica Acta, Darmstadt 11 (1972) 3/4, S. 258–274 (engl.).
Kudrna, M., W., Janáček, J.: Kriechverhalten von Polyamid-6-Faserstoffen in verschiedenen Stufen beim homogenen Kaltrecken. J. Polymer Sci., C: Polymer Symposia (1972) 38, S. 213–219.
Bobeth, W., Jacobasch, H.-J.: Zur Bedeutung der physikalisch-chemischen Oberflächenparameter von Chemiefaserstoffen für deren Färbe- Veredlungs- und Gebrauchseigenschaften. Lenzinger Ber., Lenzing/Österr. (1972) 34, S. 33–42.
Company, J.-C., Renon, H.: Ein Modell für die Wechselwirkung von nichtpolaren Molekülen mit unterschiedlicher Größe und Gestalt. J. Polymer Sci., C: Polymer Symposia (1972) 39, S. 11–33.
Nagy, W., W. E., Györfi-Szemerei, A.: Untersuchung des Systems Polyvinylalkohol/Wasser/n-Propanol durch Refraktometrie und Gelsorption J. Polymer Sci., C: Polymer Symposia (172) 39, S. 169–177.
Kennedy, J. W.: Thermodynamische Gültigkeitsgrenzen der Wechselwirkungsfunktionen und Thetatemperaturen von Polymerlösungen. J. Polymer. Sci., C: Polymer Symposia (1972) 39, S. 71–81.
Kebl, F., Kašparová, Z., Nguyen, H. Y.: Untersuchung der Polyelektrolyteigenschaften von Cellulosexanthogenatlösungen. Chem. Prům., Praha (Chem. Ind.) 22(47) (1972) 11, S. 559–562.
Comins, J. D., Wintle, H. J. :Photoelektrischer Effekt bei Polyäthylenterephthalat und Polyäthylen. J. Polymer Sci.: Polymer Physics 10 (1972) 11, S. 2259–2280.
Beljakov, V. K.: Über die Beständigkeit von aromatischen Polyamiden und Polypromellithimiden gegenüber Oxydation. Vysokomol. Soed. (Hochmol. Verbind.) Serie B: Kratkie Soobšč. (Kurzmitt.) 15 (1973) 2, S. 99–101.
Carraher, Ch. E., jr., Piersma, J. D.: Modifizieren von Polyvinylalkohol mit Zinnverbindungen. Angew. makromol. Chemie, Basel 28 (1973) S. 153 bis 160 (engl.).
Dimov, K., Dilova, E.: Über die Verträglichkeit des Systems Polyacrylnitril – Polymethylmethacrylat. Chim. Volokna (Chem. Fasern) (1972) 6, S. 21–24.
Vancsó-Szercsányi, I. (Schreibw. i. Orig.: *Vančoné-Smerčani, I.*): Untersuchung der Umsetzung von Kondensationspolymeren mit Metalloxiden. Vysokomol. Soed. (Hochmol. Verbind.) Serie A 15 (1973) 2, S. 380–386.
Kratochvil, P., Pouchlý, J., Sedláček, B.: Bestimmung der selektiven Sorptionskoeffizienten von Polymerlösungen in mehrkomponentigen Lösungsmitteln aus dem Dichteinkrement. J. Polymer Sci.: Polymer Physics 10 (1972) 10, S. 2057–2060.
Duda, J. L., Kimmerly, G. K., Sigelko, W. L., Vrentas, J. S.: Sorptionsapparatur für Diffusionsuntersuchungen an geschmolzenen Polymeren. IEC. Ind. engng. Chem./Fundamentals 12 (1973) 1, S. 133–136.

Physik und Chemie der Monomeren und Oligomeren

Arzamanova, I. G., Logvinenko, R. N., Grinberg, A. E., Gurvič, Ja. A., Kumok, S. T., Rybak, A. I.: Einfluß von para-Substituenten auf die Reaktionsfähigkeit von Bisphenolen. Ž. fizič. Chimii (Z. physik. Chemie) 47 (1973) 3, S. 707–708.
Smoliková, J., Koblicová, Z., Bláha, K.: Aminosäuren und Peptide. CX. IR-Spektrum von polycyclischen spiro-Dilactamen mit nichtebenen Amidbindungen. Coll. czechoslov. chem. Commun. 38 (1973) 2, S. 532 bis 547.
Smoliková, J., Vítek, A., Bláha, K.: Aminosäuren und Peptide. CXI. Konformationsabhängigkeit der Valenzschwingung der N–H-Bindung in trans-Amiden. Coll. czechoslov. chem. Commun. 38 (1973) 2, S. 548 bis 558.
Matuchová, M., Nývlt, J.: Bestimmung der Breite von metastabilen Bereichen in Schmelzen. Chem. Prům., Praha (Chem. Ind.) 22(47) (1972) 11, S. 537–539.
Senner, P.: Mit Oligomeren leben. Lenzinger Ber., Lenzing/Österr. (1972) 34, S. 44–51.
Matsuura, Y., Kondo, K.: Analyse von Oligomeren durch Gelchromatographie in Verbindung mit einem spektrophotometrischen Detektor. Kobunshi Kagaku, Tokyo (Chem. High Polymers) 29 (1972) 330(10), S. 738–743 (jap.; engl. Zusammenfass.).

Polymerisation

Kalašnikov, Ja. A.: Chemische Reaktionen bei hohen Drücken. Ž. vsesojuz. chim. Obšč. Mendeleeva (Z. chem. Allunions-Mendelejew-Ges.) 18 (1973) 1, S. 61–72.

Žarov, A. A.: Umwandlungen unter gleichzeitiger Einwirkung von hohen Drücken und Schubverformung. Ž. vsesojuz. chim. Obšč. Mendeleeva (Z. chem. Allunions-Mendelejew-Ges.) **18** (1973) 1, S. 73–79.
Berlin, A. A.: Synthese von Polymeren mit einem Konjugationssystem mit Hilfe von Polykondensationsmethoden. Vysokomol. Soed. (Hochmol. Verbind.) Serie A 15 (1973) 2, S. 256–274.
Sergeev, V. A.: Polykondensationsvorgänge und Eigenschaften der entstehenden Polymeren. Vysokomol. Soed. (Hochmol. Verbind.) Serie A **15** (1973) 2, S. 251–255.
Turska, E.: Über einige Probleme von Copolykondensationsvorgängen. Vysokomol. Soed. (Hochmol. Verbind.) Serie A **15** (1973) 2, S. 393–399.
Šňuparek, J.: Einfluß des Emulgators auf die Anfangsgeschwindigkeit der Emulsionspolymerisation. Chem. Prům., Praha (Chem. Ind.) **22(47)** (1972) 11, S. 562–566.
Görlich, W., Schnabel, W.: Untersuchungen über den Einfluß der Ladungsdichte auf die gegenseitige Desaktivierung von Polyion-Makroradikalen. Makromol. Chemie **164** (1973) S. 225–235.
Schmeal, W. R., Street, J. R.: Polymerisation in Katalysatorteilchen. Berechnung der Verteilung der relativen Molekülmasse. J. Polymer Sci.: Polymer Physics **10** (1972) 11, S. 2173–2187.
Carraher, Ch. E., jr.: Synthese und thermische Analyse von Hafniumpolyestern. Angew. makromol. Chemie, Basel **28** (1973) S. 145–151 (engl.).
Záhorovský, S.: Einfluß des Aktivators auf Isocyanatbasis auf die anionische Polymerisation von 6-Caprolactam und die Eigenschaften des Polymeren. Chem. Prům., Praha (Chem. Ind.) 22(47) (1972) 11, S. 566 bis 568.
Záhorovský, S.: Einfluß der Konzentration eines bifunktionellen Aktivators auf die anionische Polymerisation von ε-Caprolactum und auf die Eigenschaften des Polymeren. Chem. Prům., Praha (Chem. Ind.) **22(48)** (1973) 1, S. 31–32.
Vinogradova, S. V., Tur, D. R.: Über einige Gesetzmäßigkeiten der Bildung von Carden-poly-1,3,4-oxadiazolen. Vysokomol. Soed. (Hochmol. Verbind.) Serie A **15** (1973) 2, S. 284–297.
Nametkin, N. S., Sorokin, G. V., Sulima, V. V., Sytov, G. A.: Polymerisation von Äthylenimin an komplexen Katalysatoren $[ZnL_2]Cl_2(H_2O)_x$. Vysokomol. Soed. (Hochmol. Verbind.) Serie B: Kratkie Soobšč. (Kurzmitt.) 15 (1973) 1, S. 36–37.
Focher, B., D'Angiuro, L., Cremonesi, P.: Photoinitiierte Pfropfpolymerisation von Vinylmonomeren auf Cellulose. III. Einfluß verschiedener Variabler auf die Pfropfcopolymerisation und Charakterisierung der erhaltenen Produkte. Cellulose Chem. Technology, Jassy/Rum. **6** (1972) 3, S. 277–294 (engl.).
Sokolova, V. A., Žil'cov, S. F., Rjabov, A. V.: Initiierung der Vinylpolymerisation mit gemischten metallorganischen Verbindungen in Gegenwart von Natriumborhydrid. Vysokomol. Soed. (Hochmol. Verbind.) Serie B: Kratkie Soobšč. (Kurzmitt.) **15** (1973) 2, S. 92–96.
Patra, S. K., Mamgaraj, D.: Polymerisation von Benzylacrylat in Äthylacetat und n-Hexan. Nuova Chimica, Milano **49** (1973) 2, S. 64–65.
Kopeček, J., Bažilová, H.: Poly-N-(2-hydroxypropyl)methacrylamid. I. Radikalische Polymerisation und Copolymerisation. EuropeanPolymer J. **9** (1973) 1, S. 7–14.
Gaylord, Norman G., Patnaik, Birendra K., Maiti, Sukumar: „Kationische" Polymerisation in Gegenwart von polaren Lösungsmitteln und Acrylmonomeren. J. Polymer Sci.: Polymer Letters 10 (1972) 10, S. 751–758.
Marquardt, K., Mehnert, P.: Zur Kinetik der Acrylnitril-Polymerisation. Angew. makromol. Chemie, Basel **28** (1973) S. 177–189.
Yassin, A. A., Rizk, N. A., Ghanem, N. A.: Die Wechselwirkung zwischen Polymerisationsinitiatoren und -inhibitoren in Lösung. I. Die Reaktion von Benzoylperoxid mit p-Benzochinon in verdünnten Lösungen von Chlorbenzol. Makromol. Chemie **164** (1973) S. 105–113.
Raubach, H. (Schreibw. i. Orig.: *Raubach, Ch.*): Synthese und einige Eigenschaften von Poly-[2,2'-(4,4'-oxydiphenylen)-6,6'-bis-(3-phenylchinoxalin)]. Vysokomol. Soed. (Hochmol. Verbind.) Serie A **15** (1973) 2, S. 367 bis 371.
Stanko, V. I., Bratcev, V. A., Vostrikova, T. N.: ^{131}J-Polyvinylpyrrolidon mit beständiger radioaktiver Markierung. Isotopenpraxis **9** (1973) 1, S. 27–29. (russ.).
Koršak, V. V., Tepljakov, M. M., Sergeev, V. A.: Neue Synthese von Polymeren der Polyphenylenreihe unter Anwendung der Polycyclokondensation von aromatischen Diacetylverbindungen. Dokl. Akad. Nauk SSSR (Ber. Akad. Wiss. UdSSR) **208** (1973) 6, S. 1360–1363.
Lukaševa, N. V., Volochina, A. V., Kudrjavcev, G. I.: Copolymerisation von α-Piperidon mit dem Lactam der 4-Aminocyclohexancarbonsäure. Vysokomol. Soed. (Hochmol. Verbind.) Serie B: Kratkie Soobšč. (Kurzmitt.) **15** (1973) 1, S. 51–55.
Lorkowski, H. D. (Schreibw. i. Orig.: *Lorkovskij, Ch. D.*): Über Polymere des Ferrocens. Vysokomol. Soed. (Hochmol. Verbind.) Serie A **15** (1973) 2, S. 314–326.

II. Faserstoffe. Ausgangsstoffe usw.

Hasse, A.: Groß im Gespräch: Antistatische Teppichfasern. Boden, Wand, Decke **19** (1973) 2, S. 103–104.

Naturfaserstoffe

Pflanzliche Faserstoffe

Wegener, E. H. W., Vogt, H. J.: Beurteilung großer Masseabweichungen von Flachs und Jutegarnen. Textil-Praxis internat. **28** (1973) 1, S. 26–29.

Chemiefaserstoffe

Cellulose und Zellstoff

Dželjuk, S. P., Kaganov, V. Ja., Pompa, V. G., Sidorova, I. I.: Mathematische Verfahren zur Untersuchung der Erkochung von Cordzellstoff. Bumaž. Prom. (Papier-Ind.) (1973) 3, S. 7–9.
Hartler, N., Olsson, L. A.: Hydrogensulfid-Aufschluß. Teil II. Variable in der zweiten Stufe und Zellstoffeigenschaften. Svensk Papperstidn. **76** (1973) 3, S. 116–122.
Alsleben, H., Philipp, B., Schleicher, H.: Zur Delignifizierung von Holz mit Gemischen aus Dimethylsulfoxid und Athanolamin. Zellstoff u. Papier **22** (1973) 2, S. 43–44.
McCarter, R. J.: Die Pyrolyse der Cellulose bei Reaktionsgeschwindigkeiten ähnlich wie beim Brennen. Textile Res. J. **42** (1972) 12, S. 709 bis 719.

Synthetische Faserstoffe

Lamonte, R. R., Han, Ch. D.: Untersuchungen über das Schmelzspinnen. II. Analyse der Deformations- und Wärmeaustauschprozesse. J. appl. Polymer Sci. **16** (1972) 12, S. 3285–3306.
Preston, J., Smith, R. W., Sun, S. M.: Faserstoffe aus aromatischen Copolyamiden mit begrenztem Ordnungszustand. J. appl. Polymer Sci. **16** (1972) 12, S. 3237–3244.
Synthesefasern in Osteuropa. Kunststoff-Berater **18** (1973) 2, S. 115–116.
Thieme, J.: Seide aus dem VEB Chemiefaserwerk Wilhelm-Pieck-Stadt Guben, einem Kombinatsbetrieb des VEB CFK Schwarza. Formeln, Faserstoffe, Fertigware, Rudolstadt (1972) 3, S. 5–20.
Stepanov, V. F., Vajsberg, S. E.: Photochemischer Einfluß auf Kriechen und Lebensdauer von unter Belastung stehenden Polymeren. Dokl. Akad. Nauk SSSR (Ber. Akad. Wiss. UdSSR) **208** (1973) 5, S. 1121–1122.
Petzold, S., Henke, W.: – dedotex – eine Polyamid-Texturseide für Fußbodenbeläge. Formeln, Faserstoffe, Fertigware, Rudolstadt (1972) 3, S. 21–27.
Baranov, V. G., Byčkovskij, N. I., Gojchman, A. S., Nosov, M. P. (Schreibw. i. Orig.: *Bychkovsky, N. I., Goikhman, A. Sh.*): Einfluß des Düsenreckens und des Reckverhältnisses auf die übermolekulare Struktur von Polyamid-6-Drähten. J. Polymer Sci., C: Polymer Symposia (1972) 38, S. 327–336.
Obenski, B. J.: Polyarylnitrilfaserstoffe: Das nächste Jahrzehnt. Brit. Knitting Ind. **45** (1972) 523, S. 37, 39, 41–42.

III. Fäden-Herstellungstechnologien

Spinnerei. Zwirnerei

Ciocşan, I.: Beiträge zur Verbesserung der Organisation der Produktion und Arbeit in Hanfspinnereien für gekämmte Garne. Ind. textilă, Bucureşti **24** (1973) 1, S. 26–28.
Wegmann, E.: Der optimale Ringdurchmesser auf Ringspinn- und Ringzwirnmaschinen. Melliand Textilber. internat. **54** (1973) 2, S. 116–119.

Spinnereivorbereitung

Sprenkmann, W.: Der Einfluß von Präparationen und Nachbehandlungsmitteln auf die Verarbeitungseigenschaften geschaffener Fasern. Lenzinger Ber., Lenzing/Österr. (1972) 34, S. 156–165.
Lynch, W. K., Parr, J. S., Townend, P. P.: Der Einfluß des Drahtprofils auf die Qualität des gekrempelten Woll-Flors. J. Textile Inst. **64** (1973) 2, S. 86–107.

Spinnerei

Joó, M.: Die wissenschaftlich-technische Revolution in der Spinnerei. Magyar Textiltechn. **26** (1973) 2, S. 69–73.
Simpson, J., Fiori, L., Castillon, A. V., Little, H. W.: Einflüsse von Baumwollmischungen mittlerer Faserlänge, niedriger und hoher Micronaire-Werte, von Bandmasse und Kardiergeschwindigkeit auf Kardenbeladung, Bandqualität und Verarbeitungseigenschaften, Textile Res. J. **42** (1972) 11, S. 661–666.

Zwirnerei

Förster, J.: Zur Herstellung von Handstrickzwirnen aus und mit synthetischen Faserstoffen. Formeln, Faserstoffe, Fertigware, Rudolstadt (1972) 3, S. 28–37.
Smigielski, E.: Garnneuheiten in wollenen Nadelflorteppichen. II. Die fortschrittlichen Wünsch- und Braschler-Technologien. Textile Inst. Ind. **11** (1973) 2, S. 35–38.
Schwabe, B., Simon, R.: Ermittlung der Drehungen von Fäden auf Schraubenbahnen. Textiltechnik, Leipzig 23 (1973) 1, S. 42–47.

Erzeugnisse der Spinnerei und Zwirnerei

Duffy, J.: Strick/Wirkgarne 1973. Hosiery Trade J. **80** (1973) 949, S. I bis LXXX.
Kringelbildung bei Kreppzwirnen. Melliand Textilber. internat. **54** (1973) 2, S. 128–129.

Texturfäden

Vera, G.: Die Superset Two-Maschine. Textilia, Milano **49** (1973) 2, S. 21 bis 22.

IV. Flächengebilde-Herstellungstechnologien

Kullrich, H.: Entwicklungstendenzen in der Webereivorbereitung und Weberei. Melliand Textilber. internat. **54** (1973) 2, S. 120–128.
Kienbaum, M.: Grobe Gardinen – transparente Dekorationstoffe. Textil-Praxis internat. 28 (1973) 1, S. 10–13.

Materialvorbereitung

Wolf, H.: Moderne Mittel und Methoden zum Schlichten von Chemiefasern. Podiumsgespräch. Lenzinger Ber., Lenzing/Österr. (1972) 34, S. 221–232.
Liuţe, D.: Theoretische Betrachtungen über den Druck der Windungslagen auf Spulen mit Präzisionswindungen. Ind. textilă, Bucureşti **24** (1973) 1, S. 29–32.
Trauter, J.: Die wichtigsten physikalischen Einflüsse beim Schlichtprozeß in ihren Auswirkungen auf das Webverhalten der Fäden. Textil-Praxis internat. **28** (1973) 1, S. 22–26.

Weberei

Weberei-Technologie

Muchitdinov, M.: Ausnutzung der optischen Garneigenschaften zur Kontrolle des Schußfadens auf der Spule. Tekstil. Prom., Moskva (Textil-Ind.) **32** (1972) 11, S. 66–67.
Bakulin, B. A.: Mechanisierung der Kettfadenbruchkontrolle auf den Webmaschinen. Tekstil. Prom., Moskva (Textil-Ind.) **32** (1972) 11, S. 51–52.
Komarova, N. N.: Einfluß der Blattnummer auf die Kettfadenbruchhäufigkeit in der Weberei. Tekstil. Prom., Moskva (Textil-Ind.) **32** (1972) 11, S. 50.

Erzeugnisse der Weberei

Babkina, I. N.: Neues im Sortiment und der Herstellungstechnologie von Teppichen. Tekstil. Prom., Moskva (Textil-Ind.) 32 (1972) 11, S. 33–35.

Wirkerei und Strickerei. Konfektionstechnik. Sonstige Technologien

Wirkerei- und Strickerei-Technologie

Schäch, W.: Entwicklungen auf dem Gebiet der Strickmaschinen. II. Tex, Doetinchem/Nd. **31** (1972) 6, S. 38, 41–42.
Mosca, S.: Das Musterungssystem Patronik MVS 200. Textilia, Milano **49** (1973) 2, S. 15–19.
Technischer Durchbruch bei der Anzeige der Fadenzuführung. Textile J. Australia **47** (1972) 9, S. 42, 45.

Erzeugnisse der Wirkerei und Strickerei

Dana, J.: Erwartete Effekte durch die Herstellung von elastischen Bändern nach der Maschentechnik. Technik włókienn. (Textiltechn.) **21** (1972) 11, S. 351–352.
Entwicklungen und Tendenzen. Kettenwirk-Praxis **7** (1973) 1, S. 143–144.
Die Ära des Doppelgestricks – automatisches System für die Mustervorbereitung. Textile J. Australia **47** (1972) 9, S. 26–28, 30, 58.
Freeman, R. C.: Doppeltrikot aus wollreicher Mischung. Knitting Times **41** (1972) 42, S. 37–38.
Carotte, F.: Automatische Mustervorbereitung und Musterungseinrichtung „Timesaver". Hosiery Trade J. **80** (1973) 949, S. 75–77.

Konfektion

Pelău, T., Răducanu, G. H.: Bestimmung der Qualität der Arbeit in der Konfektionsindustrie. Ind. textilă, Bucureşti **24** (1973) 1, S. 33–36.
Kamoß, D.: Einheitliche Bekleidungsgrößen auf anthropometrischer Grundlage. Bekleid. u. Maschenware **12** (1973) 1, S. 3–6.

Sonstige Technologien

Ruta, D.: Ein neuer Impuls in der Maschinenstickerei. Textilia, Milano **94** (1973) 2, S. 11–13.

Textilverbundstoffe

Faserverbundstoffe. Vliesstoffe

Schlese, G., Reimers, H.: Über die Herstellung von Trägervliesen für Syntheseleder. Lenzinger Ber., Lenzing/Österr. (1972) 34, S. 193–198.
Siřoký, J.: Genadelte Textil-Fußbodenbeläge. Textil, Praha **27** (1972) 11, S. 380–381.
Tänzler, W.: Der Einfluß von Avivagen auf die mechanische Vorverfestigung (Vernadelung) von Faservliesen und ihre Bedeutung für Loop- und Velours-Endprodukte. Textil-Praxis internat. **28** (1973) 1, S. 45–48.

Schichtstoffe

Affeldt, H., Hadrich, H.: Die Anwendung von Latex zum Beschichten von Teppichrückseiten. Tex, Doetinchem/Nd. **31** (1972) 4, S. 22–25.

V. Textilveredlung

Senner, P.: Veredelungsmaschinen. (Schluß). Tex, Doetinchem/Nd. **31** (1972) 4, S. 34–36.
Harrison, J. G.: Färben und Ausrüsten aus Lösungsmitteln – Die Behandlung von Flecken. Brit. Knitting Ind. **45** (1972) 523, S. 69–70.
Rys, P.: Das Zusammenwirken von Diffusion und chemischer Reaktion beim Färben und Veredeln von Textilien. Lenzinger Ber., Lenzing/Österr. (1972) 34, S. 23–32.

Farbstoffe. Textilhilfsmittel

Nitzl, K., Dietl, A.: Cellulose- und Papierweichmachung mit Hilfe kationenaktiver Tenside. Papier 27 (1973) 2, S. 41–44.

Bleicherei. Sonstige Vorbehandlungsverfahren der Textilveredlung

Reinert, G.: Das optische Aufhellen von Chemiefasern aus organischen Lösungsmitteln. Lenzinger Ber., Lenzing/Österr. (1972) 34, S. 52–62.
Makinson, K. R., Watt, I. C.: Einige physikalische Effekte der sauren Naßchlorierung von Wollfasern in Beziehung zu ihrer Verwendung als Schrumpffestausrüstung. Textile Res. J. **42** (1972) 12, S. 698–703.
Marczyńska, B.: Snegen von Garn aus Synthesefasern. Technik włókienn. (Textiltechn.) 21 (1972) 11, S. 346–348.

Färberei

Hladik, V.: Diffusionskoeffizienten von Farbstoffen. Chem. Prům., Praha (Chem. Ind.) **23**(48) (1973) 2, S. 94–100.
Weckler, G.: Auswirkungen von Carriern auf den Färbe- und Veredlungsprozeß von Polyesterfasern. Lenzinger Ber., Lenzing/Österr. (1972) 34, S. 168–174.
Vintilă, R., Urseanu, F.: Die Synthese und Anwendung einiger blauer Säurefarbstoffe beim Färben von Wolle und Polyamidfaserstoffen. Ind. textilă, Bucureşti **24** (1973) 1, S. 37–39.
Beutler, H., von der Eltz, H. U.: Spezielle Probleme beim kontinuierlichen Färben von Kabeln und Kammzug. Lenzinger Ber., Lenzing/Österr. (1972) 34, S. 182–192.
Svenson, R.: Gruppenkontrolle von Maschinen zum partieweisen Färben. Internat. Dyer, Textile Printer, Bleacher, Finisher **148** (1972) 12, S. 705 bis 708, 710–711.
Lehmann, H., Somm, F.: Migration beim Zwischentrocknen von Foulardfärbungen. Textil-Praxis internat. **28** (1973) 1, S. 52–53.
Schnerring, K.: Das Färben von Textilien aus Perchloräthylen in Druckfärbeapparaten. Textilveredlung, Weinfelden/Schweiz **8** (1973) 1, S.31 bis 34.

Druckerei

Reinhardt, F.: Bedrucken von synthetischen Geweben. Lenzinger Ber., Lenzing/Österr. (1972) 34, S. 122–127.
Koltai, P.: Polyamid-Teppichdruck. Lenzinger Ber., Lenzing/Österr. (1972) 34, S. 128–135.
Burtonshaw, D.: Transfer-Druck – Theorie und Praxis. Melliand Textilber. internat. **54** (1973) 2, S. 168–172.

Ausrüstung. Trocknung

Koenig, N. H., Friedman, M.: Reaktion von Zinkacetat mit Woll-Carboxylgruppen, die sich von cyclischen Säureanhydriden ableiten. Textile Res. J. **42** (1972) 11, S. 646–647.
Berni, R. J., Benerito, R. R., Soignet, D. M.: Natriumcellulosat und Diäthylaminoäthylcellulose als Substrate zur Modifizierung von Baumwolle mit Epoxiden. Textile Res. J. **42** (1972) 11, S. 667–675.
Marincu, M.: Die Appretur wollähnlicher Gewebe mit erhöhtem Gehalt an Abfällen. Ind. textilă, Bucureşti **24** (1973) 1, S. 47–50.
Kleber, R.: Möglichkeiten zur Oberflächenmodifizierung synthetischer Fasern in der Textilausrüstung. Lenzinger Ber., Lenzing/Österr. (1972) 34, S. 64–71.
Musulin, M., Zănescu, E., Popa, M., Nagy, G. H.: Oleophobe Ausrüstung von Textilien mit Perfluorverbindungen. Ind. textilă, Bucureşti 24 (1973) 1, S. 40–46.

Wäscherei. Chemische Reinigung

Oldenroth, O.: Restfettspeicherung bei Baumwollfasern beeinflußt den Wascherfolg. Reiniger + Wäscher **26** (1973) 2, S. 26–27.

VI. Werkstoffprüfung. Meß- und Prüftechnik. Standardisierung

Eigenschaften und Fehler der Textilmaterialien u. a.

Schenkel, G.: Die Schallgeschwindigkeit und andere Zustandsfunktionen von Kunststoffen. Kunststoffe **62** (1972) 9, S. 575–580.
Perner, H., Jain, K. Ch.: Der Einfluß von Fadenfeinheit und Nähfadenzugkraft auf die Berst- und Scheuerfestigkeit von Nähgewirken aus Baumwollfäden. Faserforsch. u. Textiltechnik 24 (1973) 3, S. 126–129.
Philipp, B., Schleicher, H., Wagenknecht, W.: Zum zeitlichen Verlauf der Quellung von Celluloseregeneratfäden und -folien in organischen Flüssigkeiten. Faserforsch. u. Textiltechnik **24** (1973) 3, S. 106–112.
Kawabata, S., Niwa, M., Kawai, H.: Die endliche Verformung von einfachen Geweben. Teil II. Die einaxiale Verformungstheorie. Teil III. Die Scher-Verformungstheorie. J. Textile Inst. **64** (1973) 2, S. 47–61; 62–85.
Dogu, I.: Die Verteilung des Querdruckes in einem gedrehten Garn unter Berücksichtigung der Faserwanderung und Änderung der Faserpackungsdichte. Textile Res. J. **42** (1972) 12, S. 726–733.
Monk, D. W.: Biologische Abbaufähigkeit von Verpackungsfolien. Textile Res. J. **42** (1972) 12, S. 741–743.

Meß- und Prüftechnik

Puchegger, F.: Die Anwendung der Farbmetrik zur Qualitätskontrolle von Chemiefasern. Lenzinger Ber., Lenzing/Österr. (1972) 34, S. 82–90.
Settle, G. E.: Zwischen-Labor-Versuche mit dem Wira-Regenprüfer. Textile Inst. Ind. **11** (1973) 2, S. 41–44.
Brunner, H., Douglas, K.: Vergleich von Festigkeit und Dehnung zweier gekämmter Baumwollgarne. Textile Inst. Ind. **11** (1973) 2, S. 39–41.
Pai, V. K., Hyman, D.: Das Erwärmen dünner Fäden auf einer von innen geheizten rotierenden Walze. Teil I. Walzenoberflächen-Temperatur. Teil II. Darstellung der Garntemperatur. Textile Res. J. **42** (1972) 11, S. 633–639; 639–645.
Nitschke, G.: Die Harnstoff-Bisulfit-Löslichkeit und ihre Veränderung von der Rohwolle bis zum Garn. Melliand Textilber. internat. 54 (1973) 2, S. 173–175.
El-Hattab, H. E., El-Shaer, M. H., Samra, A. M.: Bestimmung der Fasereigenschaften einzelner Baumwollpflanzen in Beziehung zur Garnfestigkeit. Textile Res. J. **42** (1972) 11, S. 650–654.
Stigter, D.: Wollfilzen und elektrostatische Wechselwirkungen zwischen Wollfasern in Salz- und Reinigungsmittellösungen. Textile Res. J. **42** (1972) 11, S. 657–660.

VII. Betriebstechnik. Ökonomie. Tagungsberichte und dgl.. Sonderfragen

Betriebstechnik

Sevost'janov, A. G., Chavkin, V. P., Molcanov, A. S.: Die technische Kybernetik in der Textilindustrie. Tekstil. Prom., Moskva (Textil-Ind.) **32** (1972) 11, S. 76–78.
Makarov, V. K.: Die neue Technik – Grundlage des technischen Fortschritts in der Textilindustrie. Tekstil. Prom., Moskva (Textil-Ind.) **32** (1972) 11, S. 1–6.
Iselin, E., Häberling, H.: Möglichkeiten zur Verringerung der Abwasserlast im Textilbetrieb. Textilveredlung Weinfelden/Schweiz **8** (1973) 1, S. 18–25.
Müller, E.: Die gesetzlichen Bestimmungen über die Beschaffenheit abzuleitender Abwässer. Textilveredlung, Weinfelden/Schweiz **8** (1973) 1, S. 6–8.
Schaub, A.: Der Textildruck im Lichte des aktiven Umweltschutzes. Textilveredlung, Weinfelden/Schweiz 8 (1973) 1, S. 25–30.

Ökonomie

Kačanovskij, G. I.: Methodik zur Berechnung der Abschreibungsnormen für Grundfonds der Textilindustrie. Tekstil. Prom., Moskva (Textil-Ind.) **32** (1972) 11, S. 23–24.
Maske, G.: Textile Sekundärrohstoffe für die Volkswirtschaft gewinnen. Textiltechnik, Leipzig **23** (1973) 1, S. 57, 60.
Pascaru, S., Kun, A.: Betrachtungen über die Prognose der Entwicklung der Textilindustrie auf internationaler Ebene. Ind. textilă, Bucureşti **24** (1973) 1, S. 11–18.
Pataki, L.: Die Rolle des menschlichen Verhaltens in der Verwirklichung technischer Neuerungen. Magyar Textiltechn. **26** (1973) 2, S. 74–78.
Seidl, R. H.: Weltwirtschaft und Welthandel von morgen – Chancen und Gefahren – Gedanken auch aus der Sicht eines kleinen Landes. Lenzinger Ber., Lenzing/Österr. (1972) 34, S. 233–239.

Sonderfragen

Beh, F.: Leitfaden der textilen Fertigung. Die Garnherstellung. Textil Praxis internat. **28** (1973) 1, S. 5–6.
Prey, G.: Zur Entwicklung von Wissenschaft und Technik in der DDR bis 1975. Mitteilungsbl. Chem. Ges. DDR **20** (1973) 1, S. 1–7.
Krzeszewski, H.: Über die Untersuchung des Nutzeffekts der Forschungsarbeiten in der Textilindustrie (Diskussionsaufsatz). Technik włókienn. (Textiltechn.) **21** (1972) 11, S. 337–340.
Kilanowski, W.: Möglichkeiten zur Rationalisierung der wissenschaftlichen Forschungen. Textiltechnik, Leipzig **23** (1973) 1, S. 39–42.

Zeitfracht Medien GmbH
Ferdinand-Jühlke-Straße 7
99095 Erfurt, Deutschland
produktsicherheit@kolibri360.de